Der Kampf um die industrielle Vorherrschaft

Gesammelte Aufsätze aus den Kriegsjahren aus

England, Frankreich und den Vereinigten Staaten von Nordamerika

Ins Deutsche übertragen und eingeleitet
von

Professor Dr. H. Großmann
Privatdozent an der Universität Berlin

Verlag von Veit & Comp., Leipzig 1917.

Vorwort des Uebersetzers.

Die in der wissenschaftlichen Welt wie in der Tagespresse aller Nationen seit Beginn des Weltkrieges vielfach geschilderten Schwierigkeiten in der ausreichenden Versorgung des Weltmarktes mit Chemikalien und Farbstoffen aller Art, die vor allem infolge der wesentlichen Einschränkung der deutschen Ausfuhr aufgetreten sind, haben die bereits vor dem Kriege in vielen Ländern bemerkbaren Bestrebungen zur Förderung einer eigenen leistungsfähigen Industrie im allgemeinen mächtig aufleben lassen. Jetzt hieß es noch nachdrücklicher als vorher: „Los von der deutschen Herrschaft auf dem Chemikalienmarkt." Natürlich konnten aber die zahlreichen mehr oder weniger gut gemeinten und nicht immer sehr sachlich gehaltenen Zeitungsaufsätze in der Alten und Neuen Welt diese Verhältnisse nicht von heute auf morgen durchgreifend ändern. Es unterliegt jedoch keinem Zweifel, daß bei einer langen Kriegsdauer immer mehr das Interesse an der chemischen Industrie und auch die Geneigtheit des Kapitals zu großen Aufwendungen für chemische Zwecke im Ausland ständig gewachsen ist, da man sich sagen konnte, daß bei den gegenwärtig anormal hohen Preisen unter Umständen auch recht kostspielige Experimente, an die man sich im Frieden niemals herangewagt hätte, Aussicht auf Gewinn bieten könnten. Hierzu kam noch als weiteres günstiges Moment vom Standpunkt der Auslandskonkurrenz das allgemeine Anwachsen der schutzzöllnerischen Bewegung. Selbst in England machten sich Stimmen geltend, welche für die Zeit nach dem Frieden eine schutzzöllnerische und imperialistische Reichspolitik mit einer ausgesprochenen Spitze gegen Deutschland und seine Verbündeten befürworteten. Man wies vor allem in der chemischen Industrie darauf hin, daß nur durch wirtschaftsfeindliche Maßnahmen gegenüber Deutschland die im Kriege geschaffenen Anlagen Aussicht auf weiteren Gewinn bieten würden, während ohne diesen Schutz ein Erliegen vor der deutschen Konkurrenz vielfach als sicher bezeichnet wurde.

Weitsichtigere Kreise im feindlichen und im neutralen Ausland sind sich allerdings auch im Kriege vollkommen darüber klar geblieben, daß im Grunde nur durch eifrige Förderung des wissenschaftlichen und technischen Hochschulunterrichts und durch Verbreitung chemischer und naturwissenschaftlicher Kenntnisse in allen Teilen der Bevölkerung der deutschen chemischen Industrie auf die Dauer Abbruch getan werden könnte. Daher ertönt dort immer wieder der Ruf nach dem Zusammenarbeiten von Industrie und Wissenschaft. Dieser Ruf läßt sich aber jetzt derart allgemein vernehmen, daß man diese gewichtigen Stimmen auch in Deutschland nicht wird überhören dürfen, um nicht später unangenehme Ueberraschungen zu erleben. Auch wer fest davon überzeugt ist, daß die deutsche chemische Industrie durchaus auf einer sicheren Grundlage beruht, wird sich anderseits doch auch darüber klar sein, daß es nicht angängig erscheint, die zahlreichen Bestrebungen des Auslandes, die in letzter Linie auf eine dem einzelnen Volkscharakter angepaßte Nachahmung der deutschen Methoden hinauslaufen, mit einer vornehmen Handbewegung abzutun. Denken wir vielmehr stets daran, daß auch der Friede die deutsche chemische Industrie vor neue gewaltige Aufgaben technischer, wissenschaftlicher und sozialer Natur stellen wird. In diesem Zusammenhang sei auch auf die für die Zukunft der deutschen Industrie zweifellos besonders wichtige Frage der eventuellen Auswanderung von Technikern aller Art hingewiesen, eine Frage, deren befriedigende Lösung im Interesse der gesamten deutschen Volkswohlfahrt dringend zu wünschen ist. Aber auch andere Probleme, die hier nicht erörtert werden sollen, bieten sich in fast überreicher Fülle. Da gilt es unter keinen Umständen etwa nur in selbstgerechter Weise das Lob der unübertrefflichen deutschen Wissenschaft und Industrie zu singen, sondern da muß man vor allem die offenen und versteckten Gegner gründlich kennen, von ihnen lernen und danach seine Maßnahmen treffen. Dieser Aufgabe sollen vor allem die folgenden Aufsätze eines Engländers, eines Franzosen und eines Nordamerikaners dienen, die im Grunde das gleiche Thema, wenn auch in verschiedener Weise, behandeln.

Am umfangreichsten ist der englische Aufsatz von R. Illingworth, der bereits vor dem Kriege als kleine Broschüre besonders erschienen ist und der während des Krieges auch wertvoll genug angesehen wurde, um in einer größeren Veröffentlichung eines englischen

Nationalökonomen wieder abgedruckt zu werden[1]). Dieser Aufsatz enthält eigentlich im Kern bereits alles, was während des Krieges über die deutsche und die englische chemische Industrie von hervorragenden Chemikern gesagt worden ist. Die leidenschaftslosen, den englischen Verhältnissen aber durchaus kritisch gegenüberstehenden Ausführungen des Verfassers enthalten keinerlei scharfe Spitzen gegen Deutschland, wie sie sich vor allem in den Veröffentlichungen von Sir William Ramsay nach Ausbruch des Krieges finden. Auch von den Ausführungen des hervorragenden französischen Physikochemikers Le Chatelier kann man das gleiche sagen, obwohl seine Ausführungen während des Krieges gemacht worden sind. Selbstverständlich schlagen auch die Ausführungen des amerikanischen Professors Herty, die er als Präsident auf der Hauptversammlung der amerikanischen chemischen Gesellschaft am 31. August 1915 gemacht hat, keinen eigentlich deutschfeindlichen Ton an, wenn man auch überall deutlich hindurchfühlt, wie man in Amerika vor allem gegenüber der deutschen Konkurrenz die eigene Leistungsfähigkeit zu erhöhen für notwendig erachtet.

Das Leitmotiv aller dieser Ausführungen, auf die man ja, vom rein ideellen Standpunkt gesehen, in Deutschland mit voller Berechtigung sehr stolz sein kann, ist immer wieder die Nachahmung der als zweckmäßig erkannten deutschen Methoden und die planmäßige Verbindung von Theorie und Praxis im Unterricht, in der Industrie wie im Staatswesen.

---

[1]) J. Taylor Peddie. First Principles of Production. London 1915. Longmanns Green and Co.

Zweifellos beginnt man auch bei den Regierungen anderer Staaten allmählich einzusehen, daß die chemische Industrie in hohem Grade als Förderin des Nationalwohlstandes eine besondere Berücksichtigung verdient, die rein juristisch geschulte Beamte, welche der Technik im günstigsten Falle ziemlich interesselos gegenüberstehen, kaum in der richtigen Weise ausüben können. Auch hier wäre es höchst bedenklich, wenn man in Deutschland etwa glauben würde, daß die Verhältnisse auf diesem Gebiete allgemein besonders glänzend seien, und wenn man vor allem aus den Lobsprüchen unserer Gegner den Schluß ziehen würde, es wäre bei uns alles durchaus herrlich bestellt.

Bei aller Anerkennung der Leistungen, welche sich auch die deutschen Beamten während des Krieges, wo sie sich vielfach in ihnen ganz fremde und schwierige Materien neu einarbeiten mußten, verdient haben, wird man doch sagen müssen, daß die Industrie und auch die Behörden aus diesem Kriege sehr viel werden lernen müssen, denn die Konkurrenz im feindlichen und neutralen Ausland ist während des Krieges zweifellos, und zum Teil recht erheblich, erstarkt. In der deutschen Presse findet man leider häufiger als wünschenswert die Ansicht vertreten, daß Deutschland fast allein in der Lage sei, die ganze Welt mit Chemikalien zu versorgen. Derartige nichtsachverständige Aeußerungen dienen aber dann leider allzu häufig unseren Gegnern dazu, um die deutsche Industrie der Ueberhebung und Anmaßung zu beschuldigen und eine schon vorhandene ungünstige Stimmung im Auslande noch zu verstärken. Sie sind aber auch insofern bedenklich, als sie den Glauben zu erwecken scheinen, als habe Deutschland und seine Industrie vom Ausland überhaupt kaum noch etwas zu lernen. Für die schwere Zeit nach dem Kriege sollte man sich jedoch unter keinen Umständen derartig in eigener Ruhmsucht nur selbst bespiegeln, sondern vielmehr in neidloser Anerkennung der wissenschaftlichen Leistungen des Auslandes mit allen Mitteln versuchen, selbst immer noch Besseres zu leisten als die anderen Nationen. In diesem Sinne mögen die folgenden Aufsätze nicht nur von Chemikern, sondern von allen gelesen und beherzigt werden, denen die Entwicklung der deutschen chemischen Industrie, die Deutschland im Kriege wie im Frieden Ehre, Ruhm, Wohlstand und Sicherheit gebracht hat, am Herzen liegt.

Berlin, den 1. August 1916.

H. Großmann.

I

Die Beziehungen der Wissenschaft zur Industrie

Ein Mahnwort

von

S. Roy Illingworth

Einleitung.

Die grundlegende und lebenswichtige Frage nach den Beziehungen von Wissenschaft und Industrie ist eng mit unserem Erziehungswesen verknüpft. Nur wenn die Industrie an der Ausgestaltung unseres Erziehungssystems lebendigen Anteil nimmt, können wir hoffen, aus unserer Erziehung und Ausbildung den höchsten Nutzwert zu erzielen. Wir bedürfen daher dringend der Mitarbeit unserer Handelskreise! Das gilt besonders für die Ausgestaltung des höheren, naturwissenschaftlichen Unterrichtes. Auf der anderen Seite ist es auch für unser industrielles Gedeihen ein Gebot der Notwendigkeit, daß der wissenschaftlichen Kontrolle und der Ausgestaltung unserer Betriebe eine größere Aufmerksamkeit zugewandt und keine Mühe gescheut wird, um ein engeres Zusammenarbeiten von Wissenschaft und Industrie zu erreichen. Es haben sich zwar schon zahlreiche berufene und berühmte Persönlichkeiten von Zeit zu Zeit zu dieser dringenden Frage geäußert. Da jedoch diese Aeußerungen meist vor dem Forum der verschiedensten gelehrten Körperschaften erfolgten, drangen darüber nur kurze Berichte in die Presse, und die Ausführungen blieben in der breiten Oeffentlichkeit ohne Widerhall. Es soll daher die Aufgabe dieses Buches sein, erneut vor allem die Kreise der Industriellen auf die hohe Bedeutung einer innigen Bezugnahme von Wissenschaft und Industrie hinzuweisen. Diese Kreise sind ja sonst immer sehr bereit, jeder Frage, die zur Mehrung ihrer Gewinne beitragen kann, das Ohr zu leihen. Die Wissenschaft erhebt nun den Anspruch, daß sie die Industrie auch in geschäftlicher Hinsicht zu fördern vermag, und ich hoffe, es wird mir in den folgenden Ausführungen gelingen, dafür auch den Beweis zu erbringen.

London House, S. Woodford, N. E. 1914.

S. R. Illingworth.

Kapitel 1.

Man kann die Naturwissenschaften im weitesten Sinne als exaktes Wissen bezeichnen. Dabei kann man die Bedeutung des Wortes „exakt" dem nicht wissenschaftlich gebildeten Publikum gegenüber gar nicht scharf genug betonen; denn von einer richtigen Wertschätzung der Ziele und des Endzweckes der Wissenschaft hängt die Beantwortung der Frage ab, welche Rolle der Vertreter der Wissenschaft in den technischen Betrieben zu spielen berufen ist. Nur das Studium der Naturwissenschaften selbst vermag den fundamentalen Unterschied zwischen Wissen im gewöhnlichen Sinne und zwischen der Naturwissenschaft nach der oben angeführten Definition klarzulegen. Ein kurzer Ueberblick über die Herausbildung und Entwicklung der Naturwissenschaften aus dem Wissen der Alten wird dem Leser am besten diesen Unterschied begreiflich machen. Wir wollen zu diesem Zweck in knappen Zügen die Entwicklung der chemischen Wissenschaft aus der Alchimie der Vergangenheit schildern. Es sei jedoch ausdrücklich betont, daß die gleichen Gesichtspunkte auch für alle übrigen Zweige der Naturwissenschaft gelten.

Die Pioniere der Chemie waren die unter dem Namen Alchimisten bekannten alten Weisen und Philosophen. Ihre Arbeit galt dem Studium der Eigenschaften und der Umwandlung der Stoffe des täglichen Lebens. Hand in Hand mit dieser Arbeit gingen ihre Versuche zur Entdeckung des Steines der Weisen und des Lebenselixiers, die es ihnen ermöglichen sollten, schnell reich zu werden und sich dann ihres Lebens zu erfreuen, ohne unter Gicht oder ähnlichen Krankheiten zu leiden. Sie arbeiteten auf gut Glück, und jeder Stoff wurde in besonderer Weise behandelt. So sammelten sie zahlreiche Tatsachen — das heißt sie erwarben „Wissen" —, sie machten jedoch nur wenige Versuche zur Erklärung ihrer Beobachtungen, und sie waren auch nicht imstande, die Kräfte zu ergründen, die bei den beobachteten Umwandlungen mitwirkten. Diese alte Schule der Chemiker machte einer anderen Platz, deren Hauptziel die Erklärung der Erscheinungen war.

Da sie aber ihre Theorien nicht auf experimentell geprüfte Grundlagen zu stützen vermochten, gingen sie häufig in der Irre. Erst gegen Ende des 18. Jahrhunderts erhob sich die Chemie zur Höhe einer Wissenschaft. Dieser Aufschwung ist in erster Linie auf die Anwendung von Meßmethoden und auf die experimentellen Untersuchungen zurückzuführen, die im Zusammenhang mit den beobachteten Tatsachen zu der Erkenntnis führten, daß alle chemischen Erscheinungen in ein bestimmtes System eingeordnet werden können. Die Entwicklung dieser wissenschaftlichen Forschungsmethode hat den Grundstein zur Errichtung der chemischen Wissenschaft gelegt, auf dem erfolgreiche Chemikergenerationen das stolze Gebäude der modernen Chemie aufgeführt haben. Das Hauptziel bei der Errichtung dieses Gebäudes war und ist noch heute die genaue Bestimmung der bestehenden Beziehungen zwischen jedem einzelnen Teilchen und der Struktur sowie die Anordnung von Ursache und Wirkung in einer fortlaufenden Kette. Dieses Gebäude ist so systematisch und genau errichtet worden, daß die Erscheinungen jetzt ohne mühevolle Experimente erklärt und erhärtet werden können. Diese Erkenntnis der Tatsachen, die Meßmethoden und die sich hieraus ergebenden Deduktionen unterscheiden die „Naturwissenschaft" vom „Wissen" im gewöhnlichen Sinne des Wortes. Die grundlegende Bedeutung der Gesetze und aller Ergebnisse für eine Wissenschaft kann man mit den Verkehrswegen in einem Lande und deren Bedeutung für den Reisenden vergleichen. Ein Reisender wünscht z. B. von einem Ort zu einem anderen zu gelangen; er kennt jedoch nicht die einzuschlagende Route, und er weiß nur den Bestimmungsort und die Plätze, an denen er sich aufhalten will, er kennt also nicht genau den Weg. Indem er aber den Plan des Landes zu Rate zieht, einen erfahrenen Reisenden befragt usw., kann er seinen Zweck mit bestem Erfolg erreichen. Der Reisende im Lande der Naturwissenschaft befindet sich in ähnlicher Lage. Hier, z. B. im Lande der Chemie, ist der leitende Führer unserer Arbeiten der Chemiker.

In seinem Gehirn hat sich ein genauer Plan der Gesamtheit aller Substanzen der „Natur" eingestellt, ein Plan, der auf Grund der Arbeiten und Untersuchungen der Chemiker vergangener Epochen aufgezeichnet und zusammengestellt worden ist. Er kennt die innigen Beziehungen der verschiedenen Stoffe, ihre Natur und ihre Verwandlungsfähigkeit. Er vermag die besten und bequemsten Wege zu betreten, um von einem Ort zu jedem anderen zu gelangen; er weiß, wie die Reisedispositionen am besten zu treffen sind und wie leicht alle Schwierigkeiten zu überwinden sind. Wir können da zusammenfassend sagen: Die Naturwissenschaft ist die höchste Form der Wissenschaft. In ihr sind die Beziehungen aller bekannten Tatsachen zueinander ermittelt, geordnet und zu Gesetzen verdichtet. Die Kenntnis dieser Gesetzmäßigkeit ermöglicht dem Naturforscher, die Wirkung der Stoffe und Kräfte auf andere Stoffe und Kräfte zu erkennen, ja noch mehr, sie setzen ihn instand, alle Stoffe und Kräfte zur Erzeugung gewünschter Wirkungen zu verbinden.

Der Naturforscher ist mit diesen Gesetzen, die sowohl quantitative als auch qualitative Forderungen erfüllen, genau vertraut. Sein Geist hat die hunderterlei Formen der Erscheinungen logisch geordnet. Sein Hirn gleicht einem kinematographischen Film; nebeneinander hat er die verschiedenen Eindrücke geordnet, die aufeinander folgen und die gesamte Reihenfolge der Ereignisse in dem Zyklus der Operationen hervorbringen. Er kann zu jeder Zeit von einem bestimmten Punkt des Zyklus aus sein Denken beginnen, und er vermag jede beobachtete Erscheinung zu einem logischen Schluß zu verwerten. Bleiben wir bei dem Vergleich mit der Eisenbahn, so können wir das wissenschaftlich geschulte Gehirn mit einem Eisenbahnfahrplan vergleichen. Wenn wir letzteren zu Rate ziehen, so können wir uns genau vergewissern, wann wir von einem bestimmten Ort nach einem anderen bestimmten Platz aufbrechen müssen. In gleicher Weise weiß der Wissenschaftler dank seines geschulten Intellekts, wann und wie er ein bestimmtes Verfahren in Gang setzen muß. Diese Weitsicht und Logik der Anschauung, die nur durch wissenschaftliches Studium gewonnen werden kann, kann gegenüber einem nicht wissenschaftlich Geschulten nicht scharf genug betont werden. Sie gestatten es dem Naturforscher, zu gültigen Schlüssen zu kommen, oder, wenn man so sagen darf, die aus irgendeinem Arbeitsgang zu erwartenden Resultate vorherzusagen. Der Naturforscher hat die Wirkungen der ihn umgebenden Kräfte durchleuchtet und studiert. Es führt ihn dazu, alle Arten und Methoden zu verstehen. Kurz, er studiert alle Phasen, Kräfte und Stoffe der Natur.

Anderseits ist die Industrie die Kunst, aus einer Substanzform andere Formen, nach denen eine Nachfrage besteht, hervorzubringen. Wie heute bei uns die Verhältnisse liegen, wird das erstrebte Ziel nur selten, wenn überhaupt, mit dem höchsten Nutzeffekt erreicht. Der größte Nutzeffekt erfordert, daß die Kosten eines Herstellungsverfahrens möglichst gering sind, daß die erzeugten Artikel in bester Qualität geschaffen werden und ihr Nutzen dem Aufwand an Kosten entspricht. Es wäre zwecklos, sich hier im einzelnen über die Aufgaben der Industrie zu verbreiten, es genügt zu betonen, daß ihre Haupttätigkeit in der Umwandlung der Stoffe zur Erfüllung eines Bedürfnisses und zum Zwecke eines Geldgewinnes besteht.

Ist das nun aber nicht ein ganz ähnliches Ziel, wie es auch die chemische Wissenschaft verfolgt? Wie kann daher die Antwort auf die Frage nur lauten, ob Wissenschaft und Industrie ein gemeinsames Ziel verfolgen, bei dessen Erreichung sie sich wechselseitig zum gegenseitigen Gewinn unterstützen?

Wir haben bereits früher gesehen, daß die Aufgabe der modernen Chemiker darin besteht, eine Stofform in eine andere überzuführen. Dieses Bemühen darf man natürlich nicht mit der Arbeit einer Köchin vergleichen, die mit Hilfe ihres Kochbuches ihre Gerichte bereitet. Die Aufgabe des Chemikers erschöpft sich keineswegs darin, daß er zu einem Stoff etwas von einer anderen Substanz gibt, einen Tropfen von einer dritten hinzufügt, die Mischung soundso lange erwärmt und so endlich das beabsichtigte Resultat erreicht. Seine Beschäftigung schürft viel tiefer. Ihm sind die bei diesen Umwandlungen tätigen Kräfte wohl vertraut; er kennt sozusagen die Maschinerie, die diese Umformungen bewirkt. Seine Stellung zu den Stoffen ist mit der des Arztes zum menschlichen Körper zu vergleichen; der Chemiker kann Stoffe „verschreiben", er kann zahlreiche Fehler beseitigen. Er vermag die Umwandlungen, die der betreffende Stoff durchmachen soll, vorher zu bestimmen; er ist kein Magier oder Quacksalber, sondern seine Arbeit beruht auf wissenschaftlicher Erkenntnis, auf Kenntnissen, die von den besten Geistern der Vergangenheit und Gegenwart erworben wurden. Diese Erfahrungen leiten seine Handlungen und erzeugen die gewünschten Resultate.

Dies ist der gemeinsame Boden, auf dem Chemiker und Fabrikant einander treffen, auf dem sie gemeinsam arbeiten können. Es liegt im eigensten Interesse der Industrie, sich mit der Wissenschaft zu verbinden und ihre Hilfe in Anspruch zu nehmen. *Leider ist jedoch zurzeit der Zusammenhang zwischen den Arbeiten des Fabrikanten und des Chemikers in England nur ein sehr loser.* So ist es zu erklären, daß unsere industriellen Methoden häufig veraltet sind, und daß sehr langsam die erforderlichen neuzeitlichen Verbesserungen bei unserer Industrie Eingang finden. Wir haben anderseits auch nur wenige Chemiker, die mit Forschungsarbeiten beschäftigt sind. In England beruhen noch zahlreiche Herstellungsverfahren auf bloßer Empirie und entbehren der Kontrolle und Leitung von Fachleuten, die die wissenschaftliche Grundlage der Verfahren kennen und verstehen. Wie alles andere, muß sich aber auch die Industrie stetig fortentwickeln und verbessern. Es bedeutet für unsere nationale industrielle Entwicklung eine unmittelbare Lebensfrage, daß wir endlich dafür sorgen, daß wir nicht hinter der allgemeinen Entwicklung zurückbleiben, denn sonst gehen wir nach dem Gesetz vom Ueberleben des Tüchtigsten in diesem Kampfe ums Dasein zugrunde. Mit Eifersucht überwachen wir doch in allen Angelegenheiten des Heeres und der Marine alle Fortschritte der fremden Nationen. Warum lassen wir es da so sehr an Energie zur Verbesserung unserer industriellen Herstellungsverfahren fehlen? Wir müssen leider zugestehen, daß in dieser Hinsicht vieles versäumt wurde, so daß wir gegenüber unsern ausländischen Konkurrenten bereits ins Hintertreffen geraten sind. Je länger wir uns aber damit begnügen, zu bleiben, wie wir sind, um so schwerer wird es sein, unsere Konkurrenten einzuholen oder gar zu übertreffen. *Heute kommen fast alle Verbesserungen und Erfahrungen aus dem Auslande.* Viele Industrien, die durch Untersuchungen und wissenschaftliche Forschungen unserer eigenen Landsleute begründet wurden, sind in fremde Hände übergegangen. Der Grund hierfür ist einleuchtend. In jenen anderen Ländern arbeiten Wissenschaft und Industrie Hand in Hand, und unsere Fabrikanten verspüren bereits stark die Wirkungen dieses fremden Wettbewerbs. Artikel, auf deren Erzeugung wir früher stolz waren, werden jetzt im Ausland in besserer Qualität als das englische Erzeugnis hergestellt. Der Wettbewerb wird von Jahr zu Jahr schärfer, und Bruchteile eines Pfennigs, die bei den

Herstellungskosten gespart werden, sind von wachsender Bedeutung, Verluste müssen in jedem Verfahren vermieden werden, neue Möglichkeiten erschlossen werden. Wie kann dies erreicht werden? Nur indem wir den Wegen unserer Konkurrenten folgen und der Wissenschaft leichter und besser Eingang in unsere Betriebe verschaffen. Mit einem Wort: Wissenschaft und Industrie müssen sich verbinden. Der Beweis für die Richtigkeit und Wahrheit dieser Sätze und für die dringende Notwendigkeit einer derartigen Vereinigung und eines innigeren Zusammenarbeitens von Wissenschaft und Industrie soll in den folgenden Kapiteln gegeben werden.

Kapitel 2.

Die Gaben, mit denen die Wissenschaft die Welt beschenkt hat, lassen sich gar nicht aufzählen. Es würde zahlreiche Bände füllen, wollte man nur einigermaßen erschöpfend das gewaltige Thema von der umgestaltenden Wirkung der Naturwissenschaften auf die Zivilisation behandeln. Freilich würde eine solche Darstellung der interessanteste Roman werden, der jemals verfaßt wurde.

Wenden wir unsere Blicke zurück zu den Verhältnissen am Ende des 19. Jahrhunderts, und stellen wir ihm den jetzigen Stand der Dinge gegenüber. Man möchte dann glauben, daß statt hundert Jahren mehrere tausend verflossen sein müßten. Denn vor dem Jahre 1800 lassen sich nur wenige hervorragende Erfindungen namhaft machen, und der Fortschritt der Entwicklung vollzog sich nur äußerst langsam. Welch ein Unterschied, wenn wir die Zeit nach 1800 dem gegenüberstellen! Kein Jahr, das uns nicht mit neuen epochemachenden Erfindungen und Entdeckungen beschenkt. Mit überwältigender Geschwindigkeit folgt Verbesserung auf Verbesserung. Nur mit Staunen und Bewunderung kann man auf diese fabelhaften Leistungen zurückblicken. Die Ursache dieses plötzlichen Umschwunges ist leicht zu finden. Liegt doch am Ende des 18. Jahrhunderts das Geburtsjahr der Naturwissenschaften, wie wir dieses Wort verstehen. Diese neue frische Kraft ist es, die diese weite Perspektive, all diese zahllosen Verbesserungen geschaffen hat, denen wir auf Schritt und Tritt begegnen. Ganz neue Bilder erscheinen vor unserm bewundernden Blick! Die Möglichkeit einer Verständigung in jeder Form ist eine innigere geworden. Die Entfernungen scheinen ausgelöscht und unsere Verkehrsmittel dank der Wissenschaft fast übermenschlich zu sein. Legt doch eine Nachricht heute in knapp 40 Minuten den Weg um die Erde zurück!

Die Beleuchtung unserer Häuser ist verbessert. Nicht länger mehr bieten unsere Straßen ein Asyl für lichtscheues Gesindel, denn durch die Einführung der taghellen Straßenbeleuchtung und die Zunahme des Verkehrs ist den Uebeltätern ihr Handwerk gelegt. Dank den Fortschritten der Medizin und Hygiene hat sich unser Gesundheitszustand gebessert, und die Sterblichkeit hat abgenommen. Unser ganzes Leben, unsere Nahrung, unsere Diät, unsere Kleidung sind durch die Naturwissenschaften vervollkommnet. So ist unser Leben ein einziger Triumph der Naturwissenschaften! Ihre Erzeugnisse und Leistungen sind für uns derart zur Selbstverständlichkeit geworden, daß wir nur zu leicht vergessen, welchen Dank wir dieser großmütigsten Wohltäterin der Menschheit schuldig sind. Niemals hätte sich unser Geschäftsleben zu seiner heutigen Größe entwickeln können, wenn die Naturwissenschaft nicht dem Handel tausend und aber tausend Erleichterungen verschafft hätte.

Der Kaufmann, der sich die hohe Bedeutung der Naturwissenschaften für den Handel klarmachen wollte, brauchte nur einen Augenblick zu überlegen, daß Telephon und Telegraph, der rasche Verkehr zu Lande und zur See, die billigen Papierwaren, die Beleuchtung, kurz alles, worauf seine Existenz beruht, Erzeugnisse der Naturwissenschaften sind. Ohne ihre Hilfe wäre es unmöglich, auch nur einen Bruchteil der gegenwärtigen Weltgeschäfte auszuführen. Wie sollte wohl ein großes modernes Handelshaus seine Geschäfte führen, wenn, um ein Beispiel anzuführen, Briefe von London nach Glasgow drei Wochen brauchten, wenn nach Amerika bestimmte Waren Monate und Monate unterwegs sein müßten, wenn die direkte Verbindung zwischen den englischen Städten und denen des Kontinents fehlte?! Heute kann man nach fast allen Teilen der Welt kabeln und noch am gleichen Tage die Antwort erhalten. Entfernungen sind im Vergleich zur Vergangenheit fast geschwunden, und die Zeit ist gewissermaßen gestreckt worden; denn wir vermögen jetzt in einer bestimmten Zeiteinheit weit mehr zu leisten als etwa noch vor zehn Jahren. All dieses verdanken wir den Naturwissenschaften, denn jedes dieser Zeit und Arbeit sparenden Mittel, die raschen Transport- und Verkehrsverhältnisse sind das Ergebnis der rastlosen Bemühungen von Generationen von Naturforschern. Es handelt sich dabei nicht etwa um Zufallsprodukte eines blinden Herumtappens, sondern die erzielten Fortschritte sind das Ergebnis der feinst durchgeführten Methoden von Experiment und Theorie, von Theorie und Experiment, deren wahren Wert nur der naturwissenschaftlich geschulte und erfahrene Geist zu verstehen und zu erfassen vermag. Diese von unwissenden Laien nur zu oft verhöhnte akademische Verfeinerung ist letzten Endes die Quintessenz allen Fortschrittes und aller Vervollkommnungen der modernen Zivilisation. Nur wenn die Industrie ihre Abhängigkeit von der Naturwissenschaft einsehen lernt und naturwissenschaftlich Gebildete in großer Zahl in ihren Betrieben beschäftigt, können wir hoffen, unsere

Fabrikationstätigkeit zu vermehren und zu verbessern, und auch eine größere Leistungsfähigkeit unserer gesamten technischen Betriebe zu erreichen.

Es wird stets das Bemühen eines Naturforschers sein, seine Kräfte aufs äußerste anzuspannen, um alle nur möglichen Stoffe der Natur für den menschlichen Gebrauch nutzbar zu machen. Wir wollen einmal an einem konkreten Beispiel verfolgen, wie der Chemiker eine neue Industrie schafft und wie er vor allen Dingen die Nebenprodukte zu neuen gewinnbringenden Verfahren verwendet. Solch ein Beispiel, das den Fortschritt in der Ausnutzung der Stoffe im Haushalte der „Natur" am überzeugendsten darlegt, liefert die Verwendung der Kohle in der Industrie.

Wie allgemein bekannt sein dürfte, ist die Kohle das Produkt fossiler Ueberreste von Wäldern, die im grauen Altertum die Oberfläche der Erde bedeckten. Besonders wir Engländer sind hinsichtlich unseres nationalen Wohlstandes vollkommen von der Kohle abhängig. Wir müssen daher mit Sorgfalt darauf achten, stets die beste Verwendung unserer wertvollen Vorräte zu erreichen und müssen uns daher bemühen, unsere Kohlenförderung rastlos weiter zu entwickeln. Ursprünglich verwendeten wir die Kohle zu Heizungszwecken im Haushalt. Schon Jahrhunderte vor der Verwendung der Kohle für industrielle Zwecke spielte sie als Brennstoff im Haushalt eine größere Rolle. Später wurde die Kohle dann zuerst im rohen Zustande und noch später in Form von Koks mit Erfolg in der Metallindustrie und besonders bei der Eisenerzeugung verwendet. Erst zu Beginn des letzten Jahrhunderts lernte man die Kohle zur Erzeugung von Leuchtgas gebrauchen. Bei der hierzu erforderlichen Destillation der Kohle entstehen eine Anzahl von Nebenprodukten, die man in drei Klassen einteilen kann: 1. die gasförmigen Produkte, 2. die flüssigen Produkte, bestehend aus Steinkohlenteer und Ammoniakwasser und 3. der Rückstand, Koks.

Noch jahrelang nach Entstehung der Gasindustrie waren Gas und Koks die einzigen Produkte, die ausgenutzt wurden, während die flüssigen Produkte, für die man keine technische Verwendung finden konnte, als ein dem Verfahren anhaftendes notwendiges Uebel angesehen wurden. Das hat sich völlig geändert. Durch die Erfahrungen, welche wir der ausharrenden und zielbewußten Arbeit zahlreicher Chemiker verdanken, sind jetzt gerade diese Flüssigkeiten, die man früher als eine Last für die Industrie betrachtete, zu den wertvollsten Produkten geworden.

Der Steinkohlenteer besteht aus einem komplizierten Gemisch von Kohlenwasserstoffen, begleitet von Verbindungen, die zu der gleichen Klasse wie die Karbolsäure gehören. In den Teerdestillerien wird dieses Gemisch in seine Bestandteile zerlegt und verschiedene Kohlenwasserstoffe, wie Benzol, Toluol, Xylol, Naphthalin und andere, ferner auch Karbolsäure, Kreosot, Pech usw. erzeugt. Jedes einzelne dieser Produkte bedeutet jetzt einen äußerst geschätzten Handelsartikel, denn die chemische Forschung hat für alle diese Stoffe sehr gewinnbringende technische Verwendungsmöglichkeiten gefunden. Schon dieser flüchtige Ueberblick über die technischen Verwendungsmöglichkeiten der Kohle zeigt deutlich, wie die Wissenschaft neue Triebe am Baume der Industrie hervorsprießen läßt. Wir werden weiter sehen, wie sich die jungen Triebe rasch zu starken Aesten entwickeln, an welchen dann die Wissenschaft wieder neue

Zweige wachsen läßt. Wir wenden zu diesem Zwecke jetzt unsere Aufmerksamkeit einigen dieser Steinkohlenteerprodukte und ihrer technischen Verwendung zu.

Hat sich der Leser wohl jemals über die Entstehung der schier endlosen Reihe von Farben und Farbenschattierungen, die er z. B. in einem Teppichgeschäft sieht, Rechenschaft gegeben? Hat er jemals versucht, nach ihrer Herkunft zu forschen? Welch ein Märchen, welch ein Triumph der Wissenschaft in dieser endlosen Farbenreihe! Wer hätte vor Jahren es sich wohl träumen lassen, daß aus der häßlichen, öligen Flüssigkeit, die sich bei der Gaserzeugung bildet, so herrliche Farben entstehen würden!

Wenn wir die Geschichte der Teerfarbstoffe studieren, so muß uns Engländern eine Blutwelle der Scham überlaufen. Was ist England auf diesem Gebiet durch das konservative Vorurteil unserer Ahnen verloren gegangen! Der Weg zu der ausgedehnten und gewinnbringenden Teerfarbenindustrie wurde durch die Untersuchungen unseres Landsmannes, des verstorbenen Sir W. Perkins, gebahnt. Aber leider sollten wir die reichen Früchte dieser Industrie nicht ernten; denn die für das Gros unserer Industriellen typische Mißachtung der Naturwissenschaften versagte der jungen Industrie die Unterstützung. So übernahm Deutschland die Führung und entwickelte in kurzer Zeit unter sorgfältiger Förderung der Wissenschaft die Farbstoffindustrie zu ihrer heutigen gewaltigen Ausdehnung. Praktisch werden gegenwärtig fast alle Farben auf chemischem Wege aus Steinkohlenteerprodukten hergestellt. Es gelang allmählich, die natürlichen Farbstoffe nachzumachen und die vegetabilischen und animalischen Farbstoffe völlig vom Markte zu verdrängen. Aber dieses ist noch nicht alles! In langsamer, zielbewußter Arbeit hatten die Chemiker die komplizierte Wissenschaft der Farbstoffe immer weiter ausgebaut, und heute ist die Chemie imstande, selbst die feinsten Unterschiede in den Schattierungen einer Farbe herauszubringen, von denen man sich in den Zeiten der natürlichen Farbstoffe nicht einmal etwas träumen ließ.

Der Wert der Einfuhr der Teerfarbstoffe nach England ist stetig gewachsen, von 708 797 Pfund im Jahre 1899 auf 1 818 575 Pfd. St. im Jahre 1912; und die Hauptmenge dieser Farbstoffe kommt aus Deutschland. Dagegen ist die Ausfuhr, die sich hauptsächlich auf Eigenerzeugnisse beschränkt, fast konstant geblieben; sie erreichte im Jahre 1912 nur den Wert von 204 475 Pfd. St.

Man darf freilich nicht vergessen, daß in Deutschland Millionen Pfund Sterling für Experimente ausgegeben wurden. Natürlich blieben auch Fehlschläge nicht aus, aber die Deutschen wissen den Wert der Wissenschaft richtig zu schätzen: für sie wurden auch die Mißerfolge nur ein Anstoß zu neuen Industrien, denn das Vertrauen der Deutschen auf die Naturwissenschaften läßt sich durch nichts erschüttern. Dieses Vertrauen verschaffte ihnen das Monopol der Farbstoffindustrie und ihre stolze Stellung auf dem heutigen Weltmarkt. Was würden unsere Kaufleute wohl zu dem Aufwande von ¾ Million Pfund Sterling für ein Experiment sagen? Lange vor Erreichung dieser Summen hätten die meisten von ihnen die Flinte ins Korn geworfen. Anders die große deutsche Firma Bayer,[1]) die diese Summe auf-

[1]) Das ist ein Irrtum des Verf. Das Verfahren zur Herstellung von Indigo wurde zuerst in der Badischen Anilin- und Sodafabrik und später von den Höchster Farbwerken ausgebildet und im größten Maßstabe zur Ausführung gebracht. H. G.

wendete, ehe sie imstande war, Indigo im technischen Maßstabe herzustellen. Das Bayersche Verfahren verwandelt das Naphthalin, einst ein lästiges Abfallprodukt der Teerdestillation, in ein wertvolles Rohmaterial. Diese Erfindung hat unser indisches Kaiserreich aufs schwerste getroffen. Während früher fast aller Indigo von den Indigoplantagen kam, ist dieser natürliche Indigo heute praktisch tot, und die Hauptmenge des Indigos kommt aus Deutschland.

Wenn man vom Indigo spricht, kann man nicht unterlassen, ein Beispiel gedankenlosen Vorurteils unserer Färber zu erwähnen. Als das synthetische Produkt zuerst in England eingeführt wurde, wollten diese Herren es nicht verwenden, da die Farbflüssigkeit in ihrer Schattierung etwas von der des natürlichen Indigos abwich. Sie übersahen dabei, daß der künstliche Indigo in seiner Zusammensetzung konstant ist und im Vergleich zu dem sehr wechselnden Naturprodukt weit sicherere Resultate lieferte.

Doch die Teerfarbstoffe sind nicht die einzigen Produkte, die man aus den bei der Destillation der Kohle entstehenden flüssigen Nebenprodukten erhält, und alle diese Produkte finden heute eine andere technische Verwendung. Die Teersäuren liefern wertvolle Desinfektionsmittel. Die Karbolsäure ist die Stammutter einer ganzen Anzahl von Arzeneimitteln, Drogen und Konservierungsmitteln für Nahrungsmittel. Die in der Medizin soviel angewendeten Heilmittel: Salizylsäure, Salol und Aspirin stammen ursprünglich aus dem Steinkohlenteer. Das Kreosot dient als Konservierungsmittel und erhöht die Lebensdauer zahlreicher Konstruktionsmaterialien. Auch das Pech, das nach Entfernung der Kohlenwasserstoffe und der Teersäuren zurückbleibt, hat zahlreiche Verwendungsmöglichkeiten. So dient es zur Herstellung von Asphalt, von schallsicheren Wänden usf. Der Teer selbst endlich wird jetzt neben anderen Verwendungsmöglichkeiten hauptsächlich dazu gebraucht, die Straßen staubfrei zu machen. Wahrscheinlich werden auch diese Steinkohlenteerprodukte in der Zukunft noch eine größere Rolle als bisher in der Krafterzeugung spielen, denn schon heute werden sie in größeren Mengen als flüssige Brennstoffe verwendet, eine Verwendung, die zweifellos noch zunehmen wird.

Nach diesem kurzen Ueberblick über die Bedeutung der öligen Bestandteile der bei der Gaserzeugung entstehenden Flüssigkeiten wenden wir uns jetzt dem unter dem Namen Ammoniakwasser bekannten Produkt zu, das ebenfalls vielfache und wertvolle Verwendung findet. Wie schon der Name besagt, ist der Hauptbestandteil dieser Flüssigkeit Ammoniak, das aus dem Ammoniakwasser befreit und in die verschiedenen Ammoniumsalze übergeführt wird. Das wichtigste der so entstehenden Produkte ist das Ammoniumsulfat, das in großen Mengen als Düngemittel Verwendung findet. Seiner Anwendung verdanken wir eine Steigerung unserer Ernteerträgnisse und eine Verbesserung der Nahrungsmittelversorgung. Die Verwendung des Ammoniaks als Düngemittel ist übrigens nicht der einzige Dienst, den dieses Produkt unserer Nahrungsmittelversorgung leistet, denn auch in dem bekannten Verfahren der Kühlhausaufbewahrung spielt es eine wichtige Rolle. Dank der Kühlhauseinrichtungen ist es jetzt nicht nur möglich, die heimischen Nahrungsmittel lange Zeit frisch zu erhalten, sondern wir sind dadurch auch in den Stand gesetzt, Früchte und andere leicht verderbliche Waren aus weit entfernten

Ländern zu beziehen und frisch zu genießen, die man früher nur vom Hörensagen kannte.

Die Wohltat der Kühlhauslagerung ist das Ergebnis gemeinsamer Arbeiten von Chemikern und Ingenieuren, die eine Maschine erfunden und vervollständigt haben, mit deren Hilfe das Ammoniak unter Erzeugung großer Kälte verdampft und dann durch Druck wieder zu seinem früheren Zustand kondensiert wird. Dieses wiederholt sich in stetigem Kreislauf. Durch diese Ammoniakverdampfung wird heutzutage auch die Hauptmenge Kunsteis erzeugt. Wie so viele andere Verfahren, kommt auch das der Kühllagerung in den verschiedensten Formen zur Anwendung. So wird beispielsweise auf Schiffen an Stelle des Ammoniaks hauptsächlich festes Kohlendioxyd benutzt. Von großer Wichtigkeit ist auch die Verwendung des Formalins als antiseptisches Konservierungsmittel. Aber welche Neuerungen und Verbesserungen wir auch immer betrachten mögen, stets sind es die Naturwissenschaften, die den Weg zum Erfolge weisen.

Natürlich haben auch die gasförmigen Produkte der Gasindustrie die Aufmerksamkeit der Naturwissenschaftler auf sich gezogen, denn ein Naturforscher ist nie zufrieden und sucht stets nach Verbesserungen. Wer würde wohl heute noch das übelriechende Gas der Vergangenheit ertragen wollen. Dieser üble Geruch war auf das Vorhandensein von Schwefelsäure zurückzuführen. Doch der Chemiker fand bald Methoden zu ihrer Beseitigung. Man ließ nämlich das Gas durch große mit Eisenoxyd oder Kalk gefüllte Röhren strömen. Die Erneuerung des Eisenoxyds durch Luft und die wiederholte Verwendung des regenerierten Materials bewirken, daß dieses etwa 50 Proz. seines Gewichts an

Schwefel zurückzuhalten vermag und der schlechte Geruch entsprechend abnahm. Dieses so erzeugte Material bildet übrigens wieder heute die Quelle, aus der eine sehr beträchtliche Menge unserer Schwefelsäure gewonnen wird. Dieses Beispiel zeigt besonders deutlich, in welcher Weise ein Naturforscher ein Problem angreift und einen neuen Nutzen schafft.

Aus dem Kohlengas gewinnen wir noch weitere wertvolle Erzeugnisse; vor allen Dingen die in ihm enthaltenen giftigen Cyankörper. Ihre Entfernung geschieht auf chemischem Wege. Dabei wird das Zyan in Cyankali (Kaliumcyanid) verwandelt, das unter anderm zur Extraktion von Gold aus niedriggrädigem Erz verwendet wird. Aber auch hiermit sind die Erfolge der Anwendung der Naturwissenschaften auf die Kohlengasindustrie noch lange nicht erschöpft. Besonders eine wichtige Verbesserung verdient hier erwähnt zu werden, „der Leuchtkörper". Erinnern wir uns doch einmal des alten offenen Gaslichts und vergleichen wir damit den modernen Auerbrenner. Welch ein Unterschied! Der Forscher, dem wir diesen technischen Fortschritt verdanken, ist der österreichische Gelehrte Auer von Welsbach. Diese Entdeckung lenkte nun wieder die Aufmerksamkeit der Wissenschaftler auf die sogenannten „seltenen Erden" und schaffte für diese eine ungeahnte technische Verwendungsmöglichkeit.

Ich glaube, diese Beispiele zeigen zur Genüge, wie die Wissenschaft die Steinkohlenindustrie beeinflußt und gehoben hat. Wer sieht hiernach noch nicht ein, welch tiefgreifenden Einfluß die angewandten Naturwissenschaften auf die Ausgestaltung industrieller Verfahren und den wirtschaftlichen Fortschritt haben können. Dabei muß betont werden, daß dieses nur ein Blatt aus der umfangreichen Geschichte der angewandten Naturwissenschaften ist. Bedarf es wirklich noch weiterer Bestätigung meiner Behauptung, daß die Naturwissenschaft der Industrie ganz unschätzbare Dienste zu leisten vermag? Ist es nicht ein selbstverständlich erscheinendes Gebot, daß Industrie und Naturwissenschaft Hand in Hand arbeiten müssen? Es muß auch betont werden, daß zahlreiche dieser Neuerungen, ja ganz neue Industrien sich in erster Linie auf der Arbeit von Akademikern aufbauen, d. h. auf der Arbeit von Männern, die nicht in technischen Betrieben stehen, sondern die Naturwissenschaften lehren. Wenn bereits so viel in der Vergangenheit erreicht wurde, einen wieviel rascheren Fortschritt könnten wir erst erwarten, wenn jeder Betrieb seinen naturwissenschaftlich gebildeten Sachverständigen hätte, der imstande wäre, jedes neu auftauchende Problem sofort aufzugreifen und die Verwertung der Nebenprodukte einzuleiten! Dieses alles weist auf neue gute Erfolge hin. Gelegenheit zur Verwertung von Nebenprodukten ist oft vorhanden, sie wird aber leider nicht immer ausgenutzt, da den technischen Beamten häufig sowohl die genügenden naturwissenschaftlichen Kenntnisse als auch der weite Blick fehlen, um die Bedeutung solcher zufälligen Nebenwirkungen zu erkennen. Der Zufall aber spielt gerade in der Entdeckung neuer Verfahren und neuer Industrien eine wichtige Rolle, aber er muß dann mit der naturwissenschaftlichen Entwicklung einer sich bietenden günstigen Gelegenheit verknüpft werden. Als Sir William Perkin die ersten Teerfarbstoffe entdeckte, arbeitete er an der Auffindung der Konstitution des Chinins. Seine Forschung nahm jedoch eine unerwartete Wendung. Er griff sie auf, untersuchte und entwickelte sie und legte so den

Grund zu der Industrie der T e e r f a r b s t o f f e. Die technische Entwicklung der Indigoerzeugung ist auf das Zerbrechen eines Thermometers zurückzuführen. Ein Prozeß in dem gerade zur Untersuchung gelangenden Verfahren erforderte die Oxydation des Naphthalins zu Phthalsäure. Man fand, daß die Schwefelsäure die Oxydation zwar beeinflusse, aber nur in beschränktem Maße. Als jedoch das Thermometer zerbrach, sah man mit Erstaunen, daß die Reaktion beendet war. Dies war ein Zufall! Aber die den Versuch ausführenden Naturforscher nutzten den Zufall aus. Sie erkannten, daß der Grund für die vollkommene Oxydation die Anwesenheit des Quecksilbers aus dem zerbrochenen Thermometer war; so entwickelten sie eine neue Methode.

Der Zufall allein ist natürlich wertlos; wir brauchen Männer, die imstande sind, aus dem Zufall Nutzen zu ziehen. Ein solcher Mann ist der Naturforscher. Die wissenschaftliche Schulung seines Geistes und die Elastizität seines Denkens lassen kein Ereignis unbemerkt und undurchforscht vorübergehen. Wie man nicht erwarten kann, daß ein Blinder ein Goldfeld entdeckt, er mag unmittelbar auf einem goldhaltigen Quarzstück stehen, so darf man auch nicht erwarten, daß ein naturwissenschaftlich ungeschulter Kopf die Ausnutzungsmöglichkeiten einer sich in seinem Betriebe zufällig bietenden Gelegenheit zu erkennen vermag. Nochmals sei es gesagt, wir brauchen Männer von naturwissenschaftlicher Schulung. Schon lange verwenden andere Länder mit größtem Nutzen solche Forscher, nur wir sind rückständig; aber allen Widerständen zum Trotz muß hier eine Aenderung geschaffen werden.

In dem folgenden Abschnitt wollen wir zunächst sehen, in welcher Weise unsere fremden Konkurrenten ihre Naturwissenschaftler verwenden.

Kapitel 3.

Der Engländer darf sich mit Recht als Pionier der Industrie betrachten. Lange Jahre hindurch konnte er sich daher auch der Vorteile seiner früheren Tätigkeit erfreuen. Die ganze Welt war Englands Markt, und die englischen Waren fanden überall Eingang, ohne je auf geschäftliche Widerstände zu stoßen. Die Zeit hat diese Lage der Dinge von Grund auf geändert. Heute muß der englische Fabrikant sowohl in den fremden Ländern als auch auf dem heimischen Markt mit der starken Konkurrenz des Auslandes rechnen und in Wettbewerb treten. Der Schrei ruinierter Industrien will nicht mehr verstummen, ja, es gibt Leute, die uns bereits als eine zum alten Eisen geworfene Nation verschreien. Diese Leute sollten jedoch die Frage des fremden Wettbewerbes unter einem anderen Gesichtswinkel betrachten, sie sollten einen Vergleich anstellen zwischen den in England und den in anderen Ländern gebräuchlichen Herstellungsverfahren.

Ich habe im letzten Abschnitt einen kurzen Ueberblick zu geben versucht über den gewaltigen Aufschwung, den die Farbstoffindustrie in den letzten Jahrzehnten in Deutschland genommen hat. Es steht außer Frage, daß dieses gewaltige Anwachsen nur durch die Anwendung der Naturwissenschaften auf diese Industrie ermöglicht wurde. Ein Besuch in irgendeiner der großen deutschen Farbenfabriken müßte jedem, der der angewandten Naturwissenschaft mißachtend gegenübersteht, endlich die Augen öffnen. An jedem Platz finden wir dort den Naturforscher an der Arbeit. In den Laboratorien sieht man den mit den verschiedenartigsten Untersuchungen beschäftigten Chemiker, und die Kontrolle aller Arbeitsverfahren wird von Männern mit Universitätsbildung ausgeübt. Man findet die Akademiker bei der Durchführung der Analyse der Rohmaterialien, bei der Nachprüfung jedes einzelnen Stadiums der zahlreichen verschiedenen Herstellungsvorgänge, und sie sind es endlich, die den Endprodukten all dieser Arbeiten die Einheitlichkeit sichern. Man findet aber den Akademiker in Deutschland in den technischen Betrieben nicht nur in der Rolle des „Schutzmanns", der die Aufgabe hat, auf Ordnung zu halten, auch die leitenden Stellen sind von den Forschern besetzt, die die Methoden prüfen, neue Produkte erzeugen, alte Verfahren verbessern und die Herstellungskosten vermindern. Gerade diese hohe Wertschätzung der Naturwissenschaften und ihrer Vertreter hat am meisten dazu beigetragen, um die deutsche Industrie auf die gegenwärtige hohe Stufe zu heben und ihre Stellung zu sichern. Dieses tiefe Eindringen in die Grundprinzipien eines Verfahrens ermöglicht erst einen wirklichen Ueberblick und ist das Geheimnis aller Neuerungen. Wenn in dieser Weise gearbeitet wird, gehören Fehler im Betriebe zur Seltenheit, und mißlungene Sätze, die dann mit Verlust verkauft werden müssen, verschwinden fast gänzlich. Deswegen hört man auch nur selten von den Abnehmern klagen, denn es verläßt keine Serie von Waren den Betrieb, bevor sie nicht sorgfältig untersucht ist. Dadurch erreicht die deutsche Industrie neben der Gleichmäßigkeit der Qualität auch eine Gleichmäßigkeit der Herstellungskosten. So wird in Deutschland alles unter den wachsamen Augen geschulter Akademiker hergestellt. Die Betriebsleiter, ja häufig sogar die Werkmeister besitzen Universitäts-, technische Hochschul-, oder wenigstens Technikumbildung. Nichts im Werke kann der Wachsamkeit solcher Männer entgehen. Wenn sich wirklich einmal Fehler einschleichen, werden sie genau untersucht, und es werden Verbesserungen eingeführt, die eine Wiederholung der Störung ausschließen. Diese Art des Vorgehens ist für die industriellen Methoden in Deutschland typisch. In einem der großen Farbwerke zum Beispiel sind nicht weniger als 150 geschulte Naturforscher, alle mit Universitätsbildung, angestellt. Die Mitglieder dieses mit Forscherarbeit beschäftigten Stabes bringen jährlich etwa 300 neue Farbstoffe heraus, von denen jedoch nur ein Bruchteil Handelsware wird, und doch macht sich dieses Vorgehen bezahlt, ja, sogar sehr gut bezahlt. Abfallstoffe sind in Deutschland im Vergleich zu England sehr selten, denn jedes Produkt wird genau untersucht, um technische Verwendung hierfür zu finden. Ein Schulbeispiel für die Engländer bietet die große Menge alter Zinnkonservenbüchsen, die nach Deutschland aus England ausgeführt werden. Wir halten das Produkt für einen wertlosen Abfallstoff, der in den meisten Fällen zu nichts verwendet werden kann, für die Deutschen ist es aber Rohmaterial für eine Industrie. Diese Zinnwaren werden von Farbe und Lötmetall befreit und dann so behandelt, daß die Zinnschicht sich in Zinnsalze verwandelt, das zurückbleibende Eisen wird in den Stahlwerken als Krätze verwendet. Diese Zinnsalze gelangen dann wahrscheinlich wieder an unsere Färber zurück und werden in Verbindung mit den in Deutschland erzeugten Farbstoffen zur Herstellung der bunten Flaggen verwendet, die wir Engländer stolz bei jeder wichtigen Gelegenheit zu entfalten pflegen.

Ein weiteres Beispiel, das deutlich den Unterschied zwischen dem Vorgehen der englischen Fabrikanten und dem seiner ausländischen Konkurrenten zeigt, bietet die Zuckerraffinerie. Eine der bedeutendsten englischen Raffinerien führt ihre Melasserückstände einfach in die Abwässer ab. Ganz anders handelt man auf dem Kontinent. Dort werden die Melasserückstände in Calciumcarbonat und pharmazeutisch wertvolle Betaine und endlich in Cyanide übergeführt. Auch aus der Schlempe der Brauereien gewinnt man in Deutschland diese Cyanide, die neben anderen Anwendungsmöglichkeiten besonders bei der Goldextrahierung eine wichtige Rolle spielen. Unsere Brauer dagegen behandeln auch die Schlempe als wertloses Abfallprodukt, das keinerlei Aufmerksamkeit verdient. Leider verbietet es mir der Raummangel, noch weitere Beispiele dafür anzuführen, wie die Anwendung der wissenschaftlichen Methoden technische Neuerungen herbeizuführen vermag. Das „Made in Germany“ ist zwar für viele Engländer ein rotes Tuch, würden sie aber tiefer nach den Gründen dieser Monopolstellung forschen, so würden sie finden, daß dieses Schlagwort richtiger lauten würde „made by scientific Germany“.

Wir wollen im Anschluß hieran auch noch einmal sehen, was die Vereinigten Staaten von Nordamerika in wissenschaftlicher Hinsicht leisten. Auch die Amerikaner nehmen die Hilfe der Naturwissenschaften in jeder nur möglichen Weise in Anspruch. Das gilt besonders für die Ausnutzung und Entwicklung ihrer reichen Naturschätze. Für alle nur möglichen Gebiete von der Landwirtschaft angefangen bis zur Auswanderung wurden staatliche und nationale Bureaus errichtet. Eine kurze Beschreibung der Methoden des Agriculturbureaus mag eine Vorstellung von dem weitreichenden Einfluß dieser Einrichtung geben. Zunächst besteht in Washington ein Nationalbureau gewissermaßen als Hauptquartier des Großen Stabes, der für die Erledigung sämtlicher landwirtschaftlichen Fragen der Vereinigten Staaten verantwortlich ist. Neben dieser Zentralorganisation besitzen zahlreiche Einzelstaaten ihre eigenen Agricultural-Colleges, deren Aufgabe die Heranbildung landwirtschaftlicher Sachverständiger ist und die gleichzeitig Beratungsstellen für die Farmer bilden. Diese Colleges sind für alle landwirtschaftlichen Fragen die maßgebende Instanz, an die sich der Farmer jederzeit um Rat und Hilfe wenden kann. Hierhin kann er Proben seines Bodens zur Analyse senden und erhält sorgfältige Auskunft. Es wird ihm mitgeteilt, welche Düngemittel er zweckmäßig zur Verbesserung des Bodens verwenden soll, für welchen Anbau sein Boden sich besonders eignet, ja, er erhält von dort auch die besten Sämereien für die Kulturen übersandt. Ist seine Ernte mißraten oder das Getreide vom Brand befallen, so weiß er genau, daß eine Anfrage bei diesen Instituten die besten Ratschläge verschafft. Falls es erforderlich sein sollte, wird in besonderen Fällen sogar ein Sachverständiger auf seine Farm gesandt, um an Ort und Stelle die aufgetretenen Störungen zu untersuchen. Es ist ohne weiteres einleuchtend, welche Vorteile diese

Maßnahmen dem Lande verschaffen. So war z. B. vor Jahren der Weizenertrag in einigen Gebieten Kaliforniens pro Acker weit unter dem Durchschnitt gefallen. Die Berkeley-Universität nahm die Sache in die Hand und in vier Jahren war der Ernteertrag auf das Zehnfache gestiegen. Einen weiteren Beweis ihrer Rührigkeit und Leistungsfähigkeit zeigte diese Universität dadurch, daß sie dem Farmer sozusagen die Hochschule ins Haus bringt. Jedes Jahr durchreist nämlich der betreffende Lehrkörper der Universität den Staat in einem hierzu besonders ausgestatteten Zuge, der mit Hörsälen, Demonstrationsräumen, einem Museum usw. versehen ist. Unterwegs nimmt er Aufenthalt, um die neuesten Errungenschaften auf landwirtschaftlichem Gebiete den Landwirten vorzutragen.

Wenn auch die Organisation der sachverständigen Beratung und Unterstützung der Landwirte und aller auf dem Gebiet der Landwirtschaft sich Beschäftigenden nicht in dem gleichen Maße wie in Amerika ausgebaut ist, so besitzen wir doch immerhin eine Reihe von Versuchsstationen und landwirtschaftlichen Schulen, bei denen man Rat einholen kann und wo Analysen zu durchaus angemessenen Preisen ausgeführt werden. Es seien hier die Versuchsstationen erwähnt, die von Sir J. B. Laws in Rothamstedt und von der Royal Agricultural Society errichtet wurden. In den letzten Jahren wird eine besondere staatliche Beihilfe zur Förderung des Landwirtschaftswesens gewährt. Ein Teil dieser Beihilfe wird zur Heranbildung von landwirtschaftlichen Sachverständigen und Ratgebern verwendet. Wir wollen nur hoffen, daß dieses der Beginn einer großzügigen Organisation ist, um unsere Industrien auf eine gesunde wissenschaftliche Grundlage zu stellen.

Heute kommen alle neuen Erfahrungen, Erfindungen und Fortschritte aus dem Auslande. Richten wir unsern Blick auf die Vergangenheit, so können wir wohl stolz auf zahlreiche epochemachende Erfindungen rein englischen Ursprungs hinweisen, aber welch wichtige Erfindung der letzten zwanzig Jahre ist von einem Engländer gemacht worden? Die Motorwagen, die drahtlose Telegraphie, die Aeroplane, der Dieselmotor sind sämtlich ausländischen Ursprungs. Wir können unseren Blick wenden, wohin wir wollen, wir mögen jeden beliebigen Betrieb daraufhin untersuchen, wir werden, mit Bedauern muß es gesagt sein, stets finden, daß die ausländischen Konkurrenten infolge der höheren Wertschätzung der Naturwissenschaften bei der Ausgestaltung der Industrie die Führung übernommen haben. Die Begründer der englischen Industrie dagegen waren Männer von naturwissenschaftlichem Denken, die niemals rasteten, Versuche zur Verbesserung der verschiedenen Verfahren anzustellen. *Deswegen hatte unsere Industrie auch lange Zeit keine ernsthafte fremde Konkurrenz zu fürchten. Das hat sich, wie wir sehen, völlig geändert. Wir müssen daher schleunigst unser Verfahren ändern, wollen wir diesen Wechsel wieder gut machen.*

Wir wollen einmal die bei uns in den meisten Industrien üblichen Verfahren mit denen in Deutschland, Oesterreich-Ungarn, den Vereinigten Staaten und anderen Ländern vergleichen. Bei uns finden wir die Herrschaft der Empirie und ein konservatives Festhalten an dem alten System; auf der anderen Seite aber macht sich ein rastloses Bemühen geltend, auf wissenschaftlicher Grundlage Verbesserungen und größere Leistungsfähigkeit zu erzielen. Auch der englische Fabrikant wünscht freilich Verbesserungen, aber in den meisten Fällen sehen wir nur ein unsystematisches, fehlerhaftes Experimentieren. Die Versuche sind nur allzuhäufig ein unwissenschaftliches, hilfloses Tappen im Dunkeln. In vielen Fällen werden die Versuche nur deswegen angestellt, weil Handelsverluste, die durch das Auftreten besserer ausländischer Waren auf dem Markt verursacht werden, gebieterisch eine Veränderung verlangen. Es besteht aber nur ein geringes Bestreben, wieder die Vorherrschaft zu erkämpfen und sie durch systematische Forscherarbeit zu behaupten. Wir hinken eben in Verwendung geeigneten geschulten Personals der Zeit nach. Die Kontrolle unserer Betriebe ist unzureichend, und es fehlt daher an einer gleichmäßigen Qualität der Fertigprodukte. Da ich selbst Waren erzeuge, die strengen Lieferungsbedingungen entsprechen müssen, kann ich hier aus eigenster Erfahrung urteilen. Die von zahlreichen Firmen hergestellten Tenderproben, die einer bestimmten Qualität entsprechen sollen, sind hierfür ein gutes Schulbeispiel. Einige dieser Proben werden die gestellten Anforderungen übertreffen, andere sie nicht erreichen und nur wenige den Bedingungen genau entsprechen. Dann wieder werden die Lieferungen stark voneinander abweichen, eine wird gerade recht sein, die andere zu hoch, und eines Tages wird eine Lieferung weit unter dem Grenzwerte bleiben. Daraus kann man die empirischen Methoden der Herstellung und den Mangel wissenschaftlicher Kontrolle erkennen. Es läßt sich gar nicht abschätzen, welchen Nutzen ein Chemiker diesen Firmen bringen könnte. Schon die Verringerung in der Menge eines kostspieligen Zusatzes würde eine wesentliche Erhöhung des Gewinnes bedeuten.

Der Kaufmann selbst hat weder Zeit, sich mit naturwissenschaftlichen Problemen zu beschäftigen, noch besitzt er die dazu nötigen Kenntnisse. Infolgedessen vermag er natürlich auch den Nutzen der Naturwissenschaften nicht zu beurteilen, wenn er nicht von fachmännischer Seite darauf hingewiesen wird. Es ist daher Sache des Naturforschers, den Kaufmann auf die nutzbringende Wirkung der Naturwissenschaften für seinen Betrieb hinzuweisen, und er wird zweifellos in der Mehrzahl der Fälle bei dem Kaufmann ein offenes Ohr finden, wenn er ihm den Weg zeigt, wie die Gewinne gesteigert werden können. Es wird freilich immer Leute geben, die die Naturwissenschaften als harmlosen Zeitvertreib für alte Männer und junge Knaben betrachten, für ein Steckenpferd, womit man keine praktischen Ziele zu erreichen vermag. *Aber es sollte doch endlich möglich sein, diese beiden Gegensätze auszugleichen: dem Naturforscher ein Verständnis für das Geschäftliche und dem Kaufmann eine angemessene Wertung der hohen Bedeutung der Naturwissenschaft beizubringen.*

Unser nationales Wohl erfordert es, daß Naturwissenschaft und Industrie Hand in Hand arbeiten. Es machen sich zwar schon gewisse Zeichen einer solchen Annäherung bemerkbar, aber sie muß weit stärker werden. Dieses gemeinsame Arbeiten muß großzügig sein. Auf die gegenseitige Bewunderung in Festreden und Gesellschaftstoilette können wir gern verzichten. Wir müssen die „hemdärmlige" Haltung des nach Verbesserung und Entwicklung strebenden Briten einnehmen. Dann werden wir finden, daß die angewandte Naturwissenschaft, in die richtigen Bahnen geleitet und befreit von Vorurteilen, die stärkste Waffe unserer Nation ist, um dem scharfen Wettbewerb der ausländischen Konkurrenz die Spitze zu bieten. Wir werden in den folgenden Abschnitten sehen, welchen Nutzen der Gelehrte zu leisten vermag. Wenn wir diesen erst genügend erkannt haben, dann bleibt uns noch übrig, festzustellen, was für Männer wir gebrauchen und wie wir diese am besten heranbilden können.

Kapitel 4.

Ich habe in den vorigen Kapiteln zu zeigen versucht, daß wir in England unbedingt mehr Chemiker in der Industrie verwenden müssen. Zahlreiche Industrielle sind zwar der Ansicht, daß nur in den rein chemischen Betrieben, so bei der Schwefelsäurefabrikation, der Seifenerzeugung, der Herstellung von Explosivstoffen, der Farbenfabrikation usf. der Chemiker ein Betätigungsfeld für sein Wissen finden kann. Es unterliegt keinem Zweifel, daß man in diesen Industrien selbstverständlich erwarten sollte, chemisch vorgebildete Hilfskräfte anzutreffen. Meiner Ansicht nach sollte aber überhaupt jeder Betrieb, jede Mühle, jede Gießerei, die Waren erzeugt und hunderterlei Hilfskräfte verwendet, in ihrem eigensten Interesse ein chemisches Laboratorium besitzen. Es ist natürlich unmöglich, diese Behauptung für jeden einzelnen Betrieb zu beweisen, aber ich meine eigentlich, schon die wenigen angeführten Beispiele müßten den Leser dazu bringen, ernstlich über seinen eignen Betrieb nachzudenken. Er wird dann sicherlich in vielen Fällen finden, daß auch bei ihm ein Naturforscher seinen Platz ausfüllen könnte.

Die chemische Abteilung eines Betriebes muß als Berater der geschäftlichen Abteilung aufs engste mit dieser zusammen arbeiten. Es ist ihre Aufgabe, die Betriebsverfahren zu kontrollieren, zu leiten und weiter auszubilden. Ein solcher chemischer Betriebsleiter muß gleichzeitig Technologe sein, der die verwendeten Stoffe genau wissenschaftlich kennt und zugleich auch über Betriebserfahrung verfügt. So verlangen z. B. die für die österreichischen Fabriken erlassenen Vorschriften, daß Leiter dieser Betriebe geschulte, wohlausgebildete Technologen sind, in ähnlicher Weise, wie auch in unseren Kohlengruben durch das Gesetz für die Leiter der Gruben eine bestimmte Qualifikation vorgeschrieben ist. Es scheint unnötig, noch besonders hervorzuheben, daß ganz allgemein in der Menge unserer Betriebe Technologen stehen sollten. Aber meine kaufmännischen Leser dürfen deswegen nicht glauben, daß das von mir geforderte Laboratorium eine Diktatorstelle innerhalb der Fabrik einnimmt, Ich sehe es vielmehr für eine Abteilung an, die für den betreffenden Betrieb ebenso notwendig ist, wie die Verkaufsabteilung. Jede dieser Abteilungen hat sich ausschließlich mit ihren speziellen Aufgaben zu beschäftigen, aber es muß doch innerhalb des Betriebes ein enges Hand-in-Hand-Arbeiten vor sich gehen. Natürlich hängt es von den einzelnen Betrieben ab, welches die besonderen Aufgaben einer solchen Laboratoriumsabteilung sind. Im allgemeinen wird sich ihre Arbeit in folgender Weise klassifizieren lassen:

a) die Kontrolle der Betriebsverfahren durch regelmäßige Untersuchung;
b) Bericht über die Eignung der verwendeten Stoffe für die Zwecke der Konsumenten;
c) die Prüfung aller Erzeugnisse;
d) die Erzielung von Verbesserungen und gesteigerter Leistungsfähigkeit der Industrie und
e) die Befähigung, jeden Artikel nachzumachen.

Um die oben aufgezählten Aufgaben erfüllen zu können, muß das Laboratorium zweierlei Arbeiten durchführen, nämlich die Betriebskontrolle und die eigentlichen Forscherarbeiten. In England finden wir zwar in vielen Unternehmungen Chemiker für die Betriebsarbeiten angestellt, aber nur selten wird der Chemiker für Forschungszwecke herangezogen. Das ist der wahre Grund, weshalb wir von unsern fremden Konkurrenten aus dem Felde geschlagen werden.

Deswegen werden in vielen Betrieben zurzeit noch Herstellungsverfahren angewandt, die oft so alt sind, wie die betreffende Industrie selbst. Die Empirie hat die Herrschaft und niemand gibt sich die Mühe, die wissenschaftlichen Grundlagen der industriellen Methoden zu erforschen. Es wäre aber gerade die Arbeit des Naturforschers, das betreffende Verfahren sorgfältig zu untersuchen, die Beziehungen jedes einzelnen Stadiums zu ermitteln, um zweckentsprechende Neuerungen durchführen zu können. D. h. der betreffende Gelehrte muß das Gerüst errichten, das zum Ausbau des Gebietes nötig ist. Er muß die Rohstoffe studieren; er muß die Eigenschaften der verschiedenen Stoffe kennen; er muß die Verfahren regulieren und den wachsenden Bedürfnissen anpassen, und auf diese Weise endlich ermitteln, wie man die Produkte verbessern kann. Der wahre Forscher muß sich einen Einblick in den inneren Mechanismus der Verfahren verschaffen; nur auf diese Weise lassen sich Fortschritte erzielen. Es muß ferner das Bestreben des wissenschaftlichen Betriebsleiters sein, daß seine Firma die besten Waren erzeugt. Selbstverständlich gehört es auch zu seinen Obliegenheiten, neue Methoden zur Vervollkommnung der Erzeugung zu erfinden und die größtmögliche Ausbeute an Fertigware zu erzielen. Vielen Kaufleuten erscheint die Verwendung solcher Männer freilich als unnötiger Luxus, als unnötige Verteuerung. Die wenigen, die bisher wirklich Naturforscher angestellt haben, verwenden sie in der Regel nur für ganz bestimmte Zwecke und sind schon zufrieden, wenn diese erreicht werden. Eine derartige Maßnahme ist jedoch verhängnisvoll. Der betreffende Chemiker kann sich unter diesen Umständen nicht an seinem richtigen Platz fühlen. War das gestellte Problem zu schwer zu lösen, so wird sein Brotherrr, der die Sachlage nicht kennt, nunmehr glauben, daß ein Chemiker ihm überhaupt nichts nützen kann, oder er wird denken, daß es dem Betreffenden an Kenntnissen fehlt. Das Ergebnis ist die Kündigung. Es wird dann wieder ein anderer Chemiker herangezogen und wieder mit den gleichen Aufgaben betraut. Das bedeutet nicht nur Zeitverlust, sondern erregt auch Unzufriedenheit, und nur zu häufig wird der Fabrikant die Hoffnung aufgeben, daß die Wissenschaft ihm überhaupt zu helfen vermöchte. Ich führe dieses Beispiel an, weil ich sehr häufig Fälle beobachten konnte, in denen der angestellte Chemiker sicher das ihm gestellte Problem hätte lösen können, wenn man ihm nur genügende Zeit gelassen hätte. Der Grund für derartige Fälle liegt in dem Mangel an Wertschätzung der Bestrebungen und Bemühungen der Wissenschaft von seiten der Kaufleute, und diese Unterschätzung läßt sie den Wert der von dem Chemiker bereits geleisteten Arbeit leicht übersehen. Die erste Voraussetzung, um die wissenschaftlichen Grundlagen festzustellen, auf denen neue Erfindungen und Verbesserungen sich aufbauen, ist Zeit. Für die wissenschaftliche Forschung gibt es kein Ende; denn jede Entdeckung führt stets zu einer neuen. Die wahre technische Forschung muß vom Geiste der Wertschätzung getragen sein, und die Vertreter der Wissenschaft müssen als die treuesten Beamten der Industrie erkannt werden. Darum sollte man auch ihre Stellung sichern, sie ihren Leistungen nach entsprechend honorieren in Anerkennung der wertvollen Dienste, die sie ihren Arbeitgebern zu leisten vermögen. Solange nicht die Schranken entfernt sind, die dem Kaufmann die naturwissenschaftlichen Hilfsquellen verschließen, kann man auch nicht erwarten, daß Naturforscher in genügender Zahl in der Industrie Verwendung finden. Erst wenn die Industrie den Modus operandi der Wissenschaft und der Forscherarbeit erkannt hat, können wir hoffen, zu gesunden Verhältnissen zu gelangen.

Die zweite Art Chemiker, die die Industrie braucht, sind die eigentlichen Betriebschemiker. Bei dieser von mir vorgenommenen Scheidung der Chemiker in zwei Klassen setzte ich natürlich nicht voraus, daß ihre Vorbildung eine andere sein müßte und daß nicht der eine auch die Obliegenheiten des anderen übernehmen könnte. Die Verschiedenheit besteht nur in den ihnen gestellten Aufgaben. In zahlreichen Unternehmungen kann der gleiche Mann, wenn er nur wirklich wissenschaftlichen Geist besitzt, die doppelte Rolle spielen, falls die Betriebskontrolle ihm dafür genügend Zeit und Energie läßt. In den meisten Fällen jedoch wird es sich sicherlich besser bezahlt machen, einen Chemiker anzustellen, der sich ausschließlich der Forschertätigkeit widmen kann, und einen zweiten für die praktische Betriebsarbeit. Nur in den Fällen, in denen zurzeit keine besonderen Probleme auftreten, ließe sich von dieser Forschertätigkeit absehen, sobald aber sich die Notwendigkeit für eingehende Untersuchungen ergibt, wird es sich stets lohnen, die Zeit des Naturforschers ausschließlich wieder für diese Forschertätigkeit freizuhalten und für die Betriebskontrolle einen anderen Chemiker heranzuziehen. Das führt uns zu einem weiteren wichtigen Punkt, daß sich natürlich nicht jeder Chemiker zur selbständigen Forscherarbeit eignet. Andererseits kann jemand ein hervorragender Forscher und doch nicht imstande sein, einen technischen Betrieb zu leiten.

Die Aufgaben eines Betriebschemikers sind folgende: Die Untersuchung aller im Betrieb verwendeter Materialien sowie die Kontrolle der Betriebsverfahren durch ständige Nachprüfungen; er muß jede Serie von Fertigware untersuchen und auf gleichmäßige Beschaffenheit und beste Qualität achten. Diese Tätigkeit bringt ihn naturgemäß täglich mit sämtlichen Betriebsverfahren in Berührung und es wäre seine Aufgabe, jede Beobachtung und jedes neue überraschende Ergebnis genau zu vermerken, um es dann entweder selbst nachzuprüfen oder dem Forschungslaboratorium der Fabrik davon Mitteilung zu machen. Der Betriebschemiker muß ferner alle Herstellungsverfahren anderer Firmen, die sich mit der Anfertigung der gleichen Ware beschäftigen, kennen und imstande sein, durch Analyse wenigstens annähernd anzugeben, welche Materialien jede Konkurrenzfirma benutzt. Ob dann diese Firma sofort zu einem entsprechenden Verfahren übergeht, hängt natürlich von den verschiedenen Umständen ab. Begegnet ihm bei dieser Kontrolle irgendeine wertvolle Neuerung, die sich nicht mit den in seiner Fabrik gebräuchlichen Methoden erzeugen läßt, dann wird es die Aufgabe des Forschungschemikers sein, Mittel und Wege zu finden, um die Herstellung des betreffenden Produktes zu ermöglichen. Ich denke, daß schon diese wenigen Hinweise genügen werden, um zu zeigen, in welcher Weise ich mir das Zusammenarbeiten der beiden Chemiker vorstelle. Der Betriebschemiker muß dem Forscher neue Anregungen geben und der Forscher muß dann diese Anregungen, falls sie Erfolg versprechen, weiter verfolgen. Vor allen Dingen darf zwischen diesen beiden keinerlei Rivalität bestehen und kein getrenntes Arbeiten vorliegen, weder im chemischen Laboratorium, noch zwischen dieser Abteilung und dem übrigen Personal. Wie notwendig eine solche Organisation ist, kann man auf Schritt und Tritt beobachten. Wie oft stößt der Betriebschemiker auf eine Frage, die einer Durchforschung wert ist, für deren Lösung es ihm aber an Zeit fehlt. Greift sie dann der Forscher auf, so ist das Ergebnis der Untersuchung sehr häufig eine geldsparende Verbesserung.

Diese Bemerkungen über die Aufgaben des Forschungschemikers beziehen sich in erster Linie auf die verschiedenen chemischen Industrien, sowie auf die Unternehmungen, die unmittelbar auf chemische Verfahren angewiesen sind. Viele andere Firmen werden zur Bewältigung der in ihrem Betriebe auftauchenden Probleme einen Physiker, einen Ingenieur, einen Geologen, einen Bakteriologen benötigen. Daneben aber muß jede Firma auch ihren Betriebschemiker haben. Greifen wir aufs Geradewohl irgendeine Firma aus der großen Zahl der verschiedenen in England tätigen Industrien heraus, wir werden stets finden, daß jede einzelne eine große Reihe chemischer Stoffe, entweder als Rohstoffe oder wenigstens als Hilfsmittel, wie Kohle, Schmieröl, Wasser usw. verwendet. Die Qualität dieser Stoffe ist jedoch sehr variaden, und der bloße Augenschein genügt nicht, um sich von ihrer Güte zu überzeugen. Der Chemiker jedoch vermag leichter durch analytische Untersuchungen das Gute vom Schlechten zu unterscheiden. So kann er durch Bestimmung des Brennwertes, Untersuchung der Asche, der flüchtigen Bestandteile einer Kohle, feststellen, ob die Wahl einer bestimmten Sorte dem dafür gezahlten Preis entspricht und die günstigste Ausbeute liefert. Besonders die Schmieröle lassen sich sehr leicht verfälschen, und dem äußeren Anschein nach ist ein solches geringwertiges Oel sehr schwer von dem hochwertigen zu unterscheiden. Eine Prüfung der Viskosität, die Bestimmung der Flüchtigkeit, Zähigkeit usw. werden jedoch die Täuschung rasch aufdecken, wodurch unliebsame Verschmierungen der Maschine und Stockungen im Betriebe verhindert werden. Große Aufmerksamkeit erfordert auch das Kesselspeisewasser. Mit Hilfe einer chemischen Analyse läßt sich leicht die Wahl zwischen verschiedenen Quellen treffen und die beste aussuchen. Viele Quellen enthalten nämlich im Wasser gelöste Stoffe, die zur Bildung von Kesselstein führen und das ist dann die Folge eines größeren Brennstoffverbrauches.

Der Betriebschemiker kennt die verschiedenen Methoden, um ein Wasser zu enthärten und so die Bildung von Kesselstein zu verhindern, so daß diese äußerst störende Reinigung der Kessel nur selten erforderlich ist. Aber nicht nur durch die erzielte Verminderung des Verbrauches von Brennmaterial wird er seiner Fabrik unnötige Kosten ersparen, er wird auch durch regelmäßige Untersuchung der Abgase die tatsächliche Verbrennung der Kohle genau kontrollieren. Wie häufig gehen nicht einem Fabrikanten Beschwerden über die zu starke Rauchentwicklung seiner Essen zu. Dieser für die gesamte Nachbarschaft der Fabrik so überaus lästige Qualm ist auch für den Besitzer selbst nachteilig, denn er ist das Zeichen für unvollkommene Verbrennung der Kohle. Der Grund dafür liegt entweder in einer Nichteignung des Brennstoffes für die betreffende Kesselart, in mangelhafter Regulierung der Luftzufuhr oder endlich in schlecht konstruierten Rosten. Durch die Analyse der Abgase vermag der Chemiker zu bestimmen, ob eine zu große oder zu geringe Menge der Luft zugeführt wurde oder ob der benutzte Brennstoff für die vorhandene Kesselkonstruktion ungeeignet ist, und er kann danach eine passende Wahl treffen.

Jede Firma sollte auch darauf achten, daß alle Rohmaterialien vor der Abnahme von einem Sachverständigen geprüft werden. Gerber, Farbenerzeuger und -verbraucher, Textilfabrikanten, Wollkämmereien, Abnehmer von Konstruktionsmaterial, große Waren- und Lagerhäuser, ja selbst kleine Gießereien und Detailgeschäfte, die die bestellten Lieferungen nicht untersuchen, sind willkommene Ausbeutungsobjekte skrupelloser Geschäftsleute. Trotzdem sagen nur zu oft Kaufleute, sie sähen es nicht ein, warum sie einen Chemiker anstellen sollten. Es mag sein, daß es einige Firmen gibt, für die es sich wirklich nicht lohnen würde, einen eigenen Chemiker in ihre Dienste zu nehmen, aber sie sollten sich dann wenigstens mit einem beratenden Chemiker verbinden, dessen Urteil und Arbeitskraft ihnen stetig zur Verfügung steht. In zahlreichen anderen Unternehmungen beschränkt sich das Interesse des betreffenden Fabrikanten ausschließlich auf die bestimmten von ihm erzeugten Artikel, während alle anderen damit zusammenhängenden Fragen völlig außer acht gelassen werden. Das hängt häufig damit zusammen, daß es den leitenden Persönlichkeiten an den nötigen Kenntnissen fehlt, um sich über die Fragen, die sich etwa im Hinblick auf die benutzten Brennstoffe, die Schmierung oder das Maschinenwesen ergeben, ein Urteil zu bilden. Dieser Fall ist deshalb schon sehr häufig, weil der Fabrikant in der Regel kein Naturwissenschaftler, sondern ein Kaufmann ist. Diese mangelhafte Einschätzung der Bedeutung solcher Nebenumstände kostet aber diese Leute schweres Geld. Daher wäre es von ihnen verständig gehandelt, wenn sie wohl die geschäftliche Leitung ihres Unternehmens in der Hand behielten, außerdem aber ihren Betrieb unter wissenschaftliche Kontrolle stellten. Das wird sich immer bezahlt machen. Wieviel Geld man durch den Verkauf eines Gebrauchsartikels mit einem klangvollen Namen in schöner Aufmachung verdienen kann, läßt sich durch Zahlen beweisen; fast in jedem Geschäftsbetrieb kann man übrigens derartige Artikel finden. So wurde z. B. in einer großen Brauerei die Reinigung der Bottiche mittels einer patentierten Zusammensetzung von schöner rosa Färbung und angenehmem Geruch ausgeführt. Dieses Putzmittel tat seine Schuldigkeit, und ohne sich weiter um seine Zusammensetzung zu kümmern, zahlte die betreffende Brauerei für die Gallone ½ Krone. Als die Firma später einen Chemiker bei sich anstellte, begann dieser natürlich alle im Betrieb verwendeten Stoffe zu untersuchen. So kam er auch auf das famose Bottichreinigungsmittel und stellte fest, daß dieses nichts anderes als eine gefärbte und parfümierte Lösung von Aetznatron war, die höchstens einen Wert von einem halben Pence für die Gallone hatte. Ein anderes entsprechendes Beispiel bietet eine große Firma, die 25 Jahre hindurch für ein Pfund eines Kesselsteinentferners 6 Pence zahlte. Die Anstellung eines Chemikers setzte dieser menschenfreundlichen Verschwendung von seiten der Firma ein Ende, denn er konnte nicht einsehen, warum man für eine pharmazeutische Salzsäure den dreifachen Wert zahlen sollte, wenn sich das gleiche Ergebnis bei Anwendung anderer Methoden mit einem Kostenaufwand von 1 Pfund jährlich erreichen ließ.

Diese beiden Beispiele sind für viele hundert andere typisch. Man kann auf dem Markt jederzeit Artikel finden, die dank geschickter Reklame zu Preisen verkauft werden, welche zu den Herstellungskosten in gar keinem Verhältnis stehen. Man braucht auch nicht etwa zu glauben, daß die Zusammensetzung und Herstellung dieser Artikel mit irgendwelchen besonderen Schwierigkeiten verknüpft ist. Aber sie zeigen, daß jedes beliebige Produkt, mit schönem Namen versehen, einem langgefühlten Bedürfnis abzuhelfen vermag. Die allgemeine Einstellung von Chemikern in die Betriebe würde diesen ungesunden Verhältnissen rasch ein Ende bereiten und den Firmen viel Geld ersparen. Der Raum verbietet es mir, noch weiter auf die zahlreichen Möglichkeiten einzugehen, wie der Chemiker für seine Firma nicht nur Geld ersparen, sondern auch verdienen kann. Ich rate meinen kaufmännischen Lesern, die nicht alle ihre Produkte einer Analyse unterwerfen, nur einmal durch ihren eignen Betrieb zu gehen und sich zu fragen: „Weiß ich, was dieses ist? Ist es das, wofür ich es bezahle?" Sie werden erstaunt sein, in wie zahlreichen Fällen sie sich keine Antwort auf diese Fragen geben können. Dann sollten sie die Hilfe der Naturwissenschaft in Anspruch nehmen und nach dem Ergebnis urteilen. Es wäre schon viel gewonnen, wenn nur alle die verschiedenen Industriezweige naturwissenschaftliche Sachverständige hätten, die sich durch Vermittlung der Handelskammern mit den Fabrikanten beraten könnten. Eine ganz andere Wertschätzung der Naturwissenschaften würde Platz greifen.

Wie allerdings die Verhältnisse heute liegen, wäre es für unsere Fabrikanten gar nicht möglich, in größerem Maße die Hilfe von Naturwissenschaftlern in Anspruch zu nehmen, da wir gegenwärtig eine viel zu geringe Zahl wissenschaftlich und technisch durchgebildeter Männer besitzen. Wir haben wohl Leute, aber es muß noch viel getan werden, um diese wirklich leistungsfähig zu machen. In den folgenden Abschnitten wollen wir sehen, wie die Männer, die wir brauchen, beschaffen sein müssen und welche Vorbildung sie empfangen müssen.

5. Kapitel.

Die Frage der Ausbildung von Naturwissenschaftlern für die kaufmännische Laufbahn ist natürlich eng mit unserm gesamten Erziehungswesen verknüpft. Unser gegenwärtiges Erziehungssystem ist zweifellos verbesserungsbedürftig. Ganz besonderes Gewicht muß natürlich auf die Koordination der verschiedenen bestehenden Grade gelegt werden. Unter den bestehenden Verhältnissen ist wohl jede Stufe theoretisch der Vorläufer für die höhere. Aber praktisch liegt die Sache leider so, daß in Wahrheit kein einziger Grad als Vorstufe für den folgenden oder als Fortsetzung des vorhergehenden bezeichnet werden kann. Wir brauchen dringend für jede Schulgattung einen systematischen Arbeitsplan. Die Lehrer der verschiedenen Anstalten müssen sich als Glieder eines einzigen gewaltigen Entwicklungsprozesses des nationalen Gehirns zur höchsten Vollkommenheit betrachten.

Das Erziehungssystem in Oesterreich gibt ein gutes Beispiel, dem wir nachahmen sollten, und ich glaube sicher, daß der folgende kurze Ueberblick der dortigen Organisation die Leser dazu führen wird, einzusehen, wie sehr das

gegenwärtige Erziehungssystem in England einer Aenderung bedarf.

Das Ziel des österreichischen Erziehungssystems ist die gleichmäßige Erziehung der Jugend zur höchsten Leistungsfähigkeit. Man hat dort klar erkannt, wie wichtig die Macht des unabhängigen Geistes für den nationalen Fortschritt ist. Daher muß in Oesterreich jedes Kind, gleichviel welcher Abkunft, eine vorgeschriebene Schule besuchen. Von der eignen Fähigkeit und der Stellung der Eltern hängt es dann ab, ob es in seinem Studium fortfahren kann. Der vorgeschriebene, das 6. bis 14. Lebensjahr umfassende Kursus dauert acht Jahre. Die ersten vier Volksschuljahre sind für alle Schulen und für jedes Erziehungssystem die gleichen. Nach Beendigung dieses Anfangskurses müssen sich die Eltern entscheiden, ob sie ihr Kind weiter den achtjährigen Elementarschulkursus durchmachen lassen wollen. Entschließen sie sich dazu, so kommt der Schüler in die Bürgerschule und vollendet hier die als Mindestforderung vorgeschriebene Schulbildung. Wollen die Eltern ihrem Kinde dagegen eine höhere Ausbildung zuteil werden lassen, dann kommt der Schüler nach Verlassen der Volksschule in eine der drei Schultypen, die unter dem Namen Mittelschulen zusammengefaßt werden. Es sind das Anstalten, die wir in England etwa als secondary education bezeichnen würden. Die drei Schularten sind: das Gymnasium, das Realgymnasium und die Realschule. Jede dieser Anstalten verfolgt ihre besonderen Ziele und Aufgaben. Das Gymnasium soll in erster Linie der klassischen Bildung dienen. Besonders werden in ihm die alten Sprachen und die reine Mathematik gepflegt, während die naturwissenschaftlichen Fächer in seinem Lehrplan fehlen. Im Gegensatz hierzu vermittelt die Realschule die sogenannte „moderne Bildung", die Hauptfächer bilden die modernen Sprachen, Mathematik und Physik, während Latein und Griechisch ausgeschlossen sind. Eine vermittelnde Stellung nimmt das Realgymnasium ein, das erst später dem Unterrichtssystem eingefügt wurde. In diesen Schulen wird von alten Sprachen Latein getrieben, außerdem umfaßt der Lehrplan Mathematik, Physik und die modernen Sprachen. Der Lehrgang im Gymnasium dauert acht Jahre (vom 10. bis 18. Lebensjahr), während die beiden anderen Schulgattungen nur siebenjährige Kurse umfassen. Jede dieser Schulen hat am Schlusse des vierten Schuljahres eine Art Haltepunkt. Die Schüler können, falls die Eltern das wünschen, im Alter von etwa 14 Jahren abgehen und in einer Handelsschule einen Kursus durchmachen, der sie für die gewünschte kaufmännische Karriere vorbildet. Diese organisierte Ausbildung für den Kaufmannsberuf ist etwas völlig Neues und unserer gänzlich unsystematischen Vorbildung, welche die Knaben hier und dort etwas erlernen läßt, weit überlegen. *Man kann häufig hören, daß die Vertreter der Geschäftshäuser des Kontinents im allgemeinen einen viel weiteren Gesichtskreis als ihre englischen Kollegen besitzen. Dürfen wir uns hierüber wundern?* Es ist klar, daß die Oesterreicher, dank der hier eben geschilderten Verhältnisse, viel leichter einen Mann finden werden, der Sprachkenntnisse besitzt und die Gepflogenheiten der verschiedenen Länder kennt, was für den Handel von größter Bedeutung ist. Ein anderer Grund für die bessere Ausbildung der Kaufleute des Festlandes liegt darin, daß man dort die jungen Leute ins

Ausland, nach England, Frankreich oder Deutschland schickt, damit sie wenigstens ein Jahr lang an Ort und Stelle die fremden Methoden kennen lernen.

Wenden wir uns nun weiter der österreichischen Mittelschule zu. Die Schüler, welche die Mittelschule nicht mit ihrem 14. Jahr verlassen haben, lernen hier je nach dem besonderen Lehrplan bis zum 17. oder 18. Lebensjahr. Zum Abschluß ihrer Schulausbildung müssen sie dann eine Staatsprüfung, die „Maturitätsprüfung", ablegen, deren Bestehen ihnen die Reife für eine noch höhere Ausbildung verleiht und ihnen den Besuch einer Hochschule ermöglicht, der höchsten Bildungsstätte in Oesterreich und überhaupt auf dem Kontinent. Wenn die Eltern des Schülers unbemittelt sind, erhält er während dieser Studienzeit Stipendien. Es verdient besonders hervorgehoben zu werden, daß in Oesterreich das Erziehungswesen unmittelbar unter Staatsaufsicht steht und daß an Stelle unseres Schulgeldes eine nationale Steuer erhoben wird, eine Abgabe, die für den Wohlstand und Schutz eines Landes genau so notwendig ist, wie die Abgaben für Flotte und Heer.

Die österreichischen Hochschulen gliedern sich in zwei verschiedene Anstalten, die Universitäten und die Technischen Hochschulen. Jede Universität umfaßt vier Fakultäten:

a) Theologie,
b) Juristische Fakultät,
c) Medizin,
d) Philosophie.

Die philosophische Fakultät umfaßt alle Zweige der reinen Wissenschaft, denn die Aufgabe der Universität besteht darin, reine Wissenschaft und Kunst zu lehren, im Gegensatz zu den technischen oder angewandten

Wissenschaften. Diese technischen Disziplinen sind den Technischen Hochschulen vorbehalten, die ebenfalls vier Fakultäten aufweisen, nämlich:

a) Allgemeines Ingenieurwesen,
b) Elektroingenieurwesen,
c) Chemie,
d) Architektur.

Im allgemeinen kann der Student nach bestandener Maturitätsprüfung nach Belieben jedes dieser Institute besuchen, nur eine Beschränkung besteht. Wir haben vorhin gehört, daß das Gymnasium der klassischen Bildung dient; die Gymnasiasten sind daher in erster Linie für das Universitätsstudium vorgebildet. Will jedoch ein Gymnasialabiturient sich der Technik widmen, so kann er das tun, aber er muß vorher in einigen bestimmten Fächern eine Nachprüfung ablegen. Das gleiche gilt von den Realschülern, die wohl sofort nach der Maturitätsprüfung die Technische Hochschule beziehen können, aber eine Lateinprüfung ablegen müssen, falls sie sich dem Universitätsstudium widmen wollen. Die Schüler endlich, die ein Realgymnasium absolviert haben, das, wie erwähnt, eine Mittelstellung zwischen klassischer und moderner Bildung einnimmt, können ohne Nachprüfung sofort sowohl die Universität als auch die Technische Hochschule besuchen.

Das Studium in der Universität oder Technischen Hochschule dauert vier oder fünf Jahre, in denen sich der Student einer bestimmten Fakultät widmet, so daß er die Hochschule im Alter von 21 oder 22 Jahren mit abgeschlossener akademischer Bildung in der reinen Wissenschaft, der Kunst oder den technischen Wissenschaften verläßt.

Es ist charakteristisch, daß die Mittelschullehrer sowohl der Universität als auch der Technischen Hochschule entstammen können, während sich die Technologen, die in Oesterreich die Industrien leiten, ausschließlich aus der Technischen Hochschule rekrutieren. Dieser kurze Ueberblick über das österreichische Bildungswesen zeigt klar den Zweck dieses streng systematischen Lehrganges, nämlich die geeignete Ausbildung für die reine oder angewandte Wissenschaft.

Wir wollen nun im Vergleich hiermit den bei uns in England üblichen Studiengang betrachten. Man kann das gegenwärtig in England herrschende Erziehungsschema in drei Stufen einteilen:

a) die Elementarbildung,
b) die allgemeine Bildung,
c) die spezialisierte oder höhere Bildung.

Der Elementarbildung dienen in England die Elementarschulen, Sekundärschulen oder öffentlichen Schulen. Wir sehen also gleich zu Beginn ein Uebereinandergreifen verschiedener Aufgaben. Zweckmäßig wäre es, wenn nur eine Stufe, die Elementarschule, vorhanden wäre, deren Ziel und Aufgabe es ist, die natürliche Neugier des Kindes so zu entwickeln, daß es zu selbständigem Denken fähig wird. Auf dieser Stufe sollte gewissermaßen die Individualität des Schülers geweckt werden, um sie dann auf den folgenden Stufen zielbewußt weiter entwickeln zu können. Es ist nicht die Aufgabe der Elementarschule, den Schülern eine unverdauliche Menge von Tatsachen einzupfropfen. Das kommt später. Die Naturwissenschaften und einfache experimentelle Arbeiten müssen in den Unterklassen den Hauptgegenstand des Unterrichts bilden. Wenn das

Kind, in dieser Weise vorgebildet, selbständig zu denken vermag, dann können wir auch ein denkendes Volk erwarten. Hat das Kind diesen Grad der geistigen Ausbildung erlangt, so ist es vorbereitet, um in die Sekundärschule überzugehen und hier positive Kenntnisse zu erwerben. Die Aufgabe der Sekundärschule ist die Allgemeinbildung, d. h. das Sammeln von Tatsachen, das Studium der Sprachen, der Literatur, Geschichte, der Geographie, Mathematik und Physik. Selbstverständlich aber darf der Unterricht auch hier nicht zum Einpauken, zu einem Aufstapeln toter Kenntnisse werden mit dem Ziel, die Prüfung zu bestehen; es muß vielmehr sofort ein geistiger Entwicklungsprozeß einsetzen, um die Individualität zu entwickeln und das Beobachtungsvermögen und Schlußvermögen zu schärfen. Eine wichtige Aufgabe dieser Schulstufe besteht in einer sorgfältigen Auswahl der Schüler; denn es wird sich für die Nation reichlich bezahlt machen, das Studium für die höheren Grade für die Begabten, sowohl finanziell als auch anderweitig zu unterstützen. Unser ganzes Streben muß darauf gerichtet sein, die intellektuellen Fähigkeiten unserer Jugend zur höchsten Entfaltung zu bringen, indem wir für eine gründliche Allgemeinbildung sorgen, das Denkvermögen entwickeln und nur diejenigen ihr Studium fortsetzen lassen, die dazu eine natürliche Befähigung zeigen. Den Schülern, die auf der Sekundärschule das erforderliche Maß an Allgemeinbildung nicht erworben haben, bleibt es dann ja nach ihrer Eignung und Neigung überlassen, eine höhere Schule zu besuchen, um sich dort dem Studium eines Spezialfaches zu widmen.

Die gegenwärtigen Einrichtungen für die höhere Ausbildung in England sind nach Natur und Zweck äußerst verschieden. Es herrscht hier eine schädliche Mannigfaltigkeit und Unübersichtlichkeit. Wir besitzen technische Schulen und Kolleges, Universitätskolleges und Universitäten jedes Grades. Es besteht weder Einheitlichkeit in ihren Zielen noch Erfolgen. Manche sehen die technischen Schulen als Vorstufe für die Universitäten an, andere halten sie für gleichberechtigt, und wieder andere nehmen von den technischen Schulen überhaupt keine Notiz. Im Grunde genommen leisten beide Anstalten, besonders in den ersten Kursen, fast das gleiche. So kommt es, daß viele unserer Studenten in den ersten Universitätsjahren die Arbeiten nutzlos wiederholen.

Die technischen Schulen müßten zu einer obligatorischen Vorstufe für die Universität werden, gewissermaßen eine Versuchsanstalt, auf der der Student erst den Beweis erbringt, ob er für die Ausbildung zum Sachverständigen geeignet ist. Diese Aufgabe jedoch wird, wie ich im folgenden darzustellen hoffe, gegenwärtig von den technischen Schulen in keiner Weise erfüllt. Heute brauchen wir diese Institute aus drei Gründen; das zeigt, wie notwendig eine Reform ist. Der Hauptgrund liegt darin, daß wir Abendkurse in technischen Gegenständen brauchen, da die Besucher dieser Kurse tagsüber in der Industrie beschäftigt sind. Schon die Tatsache, daß die jungen Leute diese Kurse besuchen, zeigt, daß sie für ihre verschiedenen Berufe ungenügend vorgebildet sind, daß sie bei den herrschenden wirtschaftlichen Verhältnissen in unserem Erziehungssystem nicht imstande waren, sich vorher gut auszubilden. Der Besuch der Kurse nach harter Tagesarbeit ist aber auch wieder ein Beweis für das Streben der Jugend nach wissenschaftlicher Vervollkommnung.

Leider wird dieses Streben nach einem abgeschlossenen Studium nicht richtig gewertet, so daß die jungen Leute mit mangelhafter Vorbildung in die Praxis eintreten. Das offenbart zweifellos die Schwäche unseres gegenwärtigen Systems. Die technische Schule ist gewissermaßen nur der halbe Weg, aber es fehlt ein bequemer Uebergang von ihr zur Universität, d. h. zur vollkommenen Spezialisierung. Eine Neuorganisation muß die Gleichberechtigung dieser Institute herbeiführen. Jede technische Schule muß allen, die sich für eine Spezialausbildung eignen, das Tor zu der Universität öffnen. Dieses führt uns zur obersten Stufe unseres Erziehungssystems, zur Universität.

Die Universität sollte eine Staatseinrichtung sein und den Grundstein einer großen nationalen Organisation bilden, die sich in der angezeigten Art entwickelt. Natürlich kann diese Universität nicht auf einen Ort beschränkt bleiben, denn sie muß sämtliche bestehenden Universitäten, wie die von Birmingham, Leeds, Liverpool usw., umfassen. Als Grundprinzip erhebt sich die Forderung, daß der Unterricht der reinen Wissenschaften zentralisiert wird und daß anderseits der Unterricht in den angewandten Wissenschaften in solche Gebiete verlegt wird, in denen eine bestimmte Industrie ihren Sitz hat. So müßten wir z. B. einen Lehrstuhl der Technologie in Leeds, Bradford, Manchester schaffen. Birmingham, Sheffield und andere sollten der Sitz der Schulen für die Metallurgie von Stahl und Eisen werden, und entsprechend müßte die Organisation für die übrigen Industrien durchgeführt werden.

Damit ist natürlich nicht gemeint, daß etwa in Bradford nur die Textilerzeugung gelehrt werden soll und Physik, Chemie und Mechanik unberücksichtigt bleiben. Ganz das Gegenteil ist der Fall. Das Textilgewerbe braucht Chemiker und Ingenieure; daher muß der Unterricht in diesen Gegenständen nach einem genau ausgearbeiteten Plan dort so betrieben werden, wie es für das in Frage kommende Gewerbe von besonderem Interesse ist. Die Schüler dieser Klassen wären also junge Leute, die bereits in der Zentraluniversität ihre Ausbildung in den reinen Wissenschaften erhalten haben und sich jetzt einem Spezialfach zuwenden wollen. Vom erziehungstechnischen Standpunkt aus kann man vielleicht gegen diesen Vorschlag verschiedene Einwendungen erheben, vom kaufmännischen Gesichtspunkt aus betrachtet hält er dagegen selbst der strengsten Kritik stand. Wir könnten Tausende von Pfund jährlich sparen, wenn wir diese ganz unnötigen mehrfachen Ausgaben für die verschiedenen Institute vermieden. Diese Ersparnisse würden es gestatten, tüchtige Technologen als Lehrkräfte zu gewinnen, den Unterricht in den reinen Wissenschaften zu erteilen und zugleich auch die technische Ausbildung zu vervollkommnen.

Sicherlich glauben noch viele, daß es unnötig sei, unsern jungen Nachwuchs in dieser Weise vorzubilden, daß vielmehr die Fabrikanten selbst in der Lage wären, sich das nötige Personal in ihren eignen Betrieben heranzuziehen. Verhängnisvoll ist eine noch viel zu milde Bezeichnung für eine derartige Politik. Wir brauchen Männer von höchster Geschicklichkeit, vollendeter Ausbildung und Fertigkeit, die ihre ganze Energie der Entwicklung und Ausdehnung unserer technischen Verfahren widmen. Wir brauchen Männer zur Erforschung, Sicherung und Erprobung unserer Industrien. Der im Betrieb selbst herangebildete Mann vermag sich nur selten so allseitig zu entwickeln, denn der

Technologe braucht umfassende Kenntnisse, er braucht einen weiten Blick, wissenschaftlichen Geist und die Fähigkeit des selbständigen Denkens. Das aber kann nur durch Arbeiten und Forschen in der geistigen Atmosphäre eines akademischen Institutes erreicht werden. Nur der so geschulte Geist vermag der Natur ihre Geheimnisse abzuzwingen. Wir brauchen die feine und sorgfältige Methode des Akademikers, um die Hunderte von Problemen, die täglich in unserer Industrie auftauchen, zu erkennen. Im Vergleich mit diesen subtilsten wissenschaftlichen Methoden des akademisch geschulten Mannes sind die Verfahren unserer Betriebe roh. Bei der leichten Beeinflußbarkeit des jugendlichen Geistes erwirbt der im Betriebe selbst ausgebildete Durchschnittsfachmann nur eine rohe oberflächliche Vorstellung seines Arbeitsgebietes, nur die Kenntnisse, die zufällig in den vier Mauern seines Betriebes sich vorfinden. Im Vergleich mit dem wissenschaftlich geschulten Akademiker bleiben seine Leistungen bei der sorgfältigen Durchführung eines Problems weit zurück. Wer auf dem Gipfel des Berges steht, vermag viel weiter zu blicken als jemand an seinem Fuß, vorausgesetzt, daß nicht Nebel die Aussicht verhüllen. Der Akademiker ist dem Mann auf dem Berge zu vergleichen, vor ihm weitet sich der Blick über sein Gebiet; aber wir müssen auch darauf achten, daß sein technisches Gesichtsfeld nicht durch eine ausschließliche akademische Bildung eingeengt wird. *Wir brauchen gründlichste akademische Ausbildung, verbunden mit der Fähigkeit, sie auf technische Fragen anzuwenden.* Heutzutage neigt der Kaufmann dazu, den Akademiker für unpraktisch zu verschreien, während dieser wieder dem Kaufmann die theoretische

Bildung abspricht. Man mag über die relative Bedeutung von Theorie und Praxis verschiedener Meinung sein und dogmatisch die eine für wichtiger als die andere halten. Mit gleichem Recht könnte man darüber streiten, ob die rechte oder linke Seite eines Gegenstandes die wichtigere ist. Erst beide ergeben ein homogenes Ganzes. Wollen wir daher unsere industrielle Lage erhalten und bessern, so müssen wir für den Zusammenschluß von Theorie und Praxis sorgen. Das Bindeglied bildet der Sachverständige. Wir müssen in Zukunft Sorge tragen, daß die Männer unserer Universitäten sich mit der Praxis verbinden. Wir dürfen keine Mühe sparen, um Technologen mit großem wissenschaftlichen Blick heranzuziehen. Freilich muß noch viel geschehen, bis das möglich ist. Wir wollen daher in dem folgenden Kapitel uns mit den wichtigsten Gründen bekannt machen, die für den Mangel so vorgebildeter Männer verantwortlich sind, und gleichzeitig überlegen, wie sich die gegenwärtigen Verhältnisse bessern lassen, damit wir in Zukunft eine größere Leistungsfähigkeit auf industriellem Gebiete erringen.

6. Kapitel.

Die Erfolge, die wir gegenwärtig mit den für unser Erziehungswesen aufgewandten Geld- und Energiemitteln erzielen, sind nur gering im Vergleich mit dem, was wir bei einem zweckmäßiger gestalteten Lehrplane zu erreichen vermöchten. Nur eine verhältnismäßig geringe Zahl des wissenschaftlich vorgebildeten Nachwuchses widmet seine Kräfte der kaufmännischen Laufbahn, die überwiegende Mehrheit geht zum Lehrberuf über. Der Jüngling, der nach Beendigung des Schulunterrichtes die Universität bezieht, um dort drei bis vier Jahre Chemie zu studieren, findet nach Vollendung seiner Ausbildung im allgemeinen nur wenige offene Stellen. Geeignete lohnende Posten in unseren Betrieben sind selten, so ist er nolens volens gezwungen, zum Lehrfach überzugehen, um in der Hauptsache eine neue Generation in seinen Fächern wieder zu Lehrern heranzubilden. So geht es in ewigem Kreislauf! Welch nutzlose Kraftverschwendung! Eine Generation wird Lehrer der nächsten ohne Sinn und Rücksichtnahme auf die Eignung. Im Gegensatz zu diesem Unverstand tritt auf dem Festlande eine große Zahl der wissenschaftlich vorgebildeten jungen Leute in die industriellen Betriebe ein, wo sie ihre Kenntnisse und ihre Energie bei der Ausdehnung der Geschäftsunternehmungen und bei der Verbesserung der Betriebsverfahren lohnend verwerten können. Wir Engländer müssen daher unbedingt danach trachten, dieses vernünftige System auch bei uns durchzuführen. Das würde zu einer Neubelebung unserer Industrie führen und sie zu einer Segensquelle für unsere Nation machen. Die meisten Studenten bei uns scheuen sich gegenwärtig, ein Spezialfach zu ergreifen, weil sie mit Recht befürchten müssen, daß für solch vertieftes Wissen doch kein Bedarf besteht. Würden wir es erreichen, daß unsere jungen Leute nach beendetem Studium in der Industie geeignete Beschäftigung fänden und ihren Leistungen entsprechend bezahlt würden, so würden sich noch viel mehr dem akademischen Studium zuwenden, auch der Durchschnitt der allgemeinen Bildung würde steigen. Eine solche Aenderung würde sehr bald eine günstige Wirkung auf unsere Industrie, ihre Methoden und auf die Qualität der erzeugten Produkte ausüben. Bildung würde etwas Realeres, etwas Lebendigeres, wenn der zur Industrie offene Weg ihr ein bestimmtes Ziel setzte. Dann würden auch unsere Lehrer ihren Beruf aus Neigung und nicht wie jetzt der Not gehorchend ergreifen. Ihre Begeisterung und die Auswahl der Befähigten wären auch ein Anreiz für bessere Ausbildung, Spezialisierung und Entwickelung der Intelligenz. Man sollte die für die Erziehung aufzuwendenden Ausgaben von geschäftlichen Gesichtspunkten aus betrachten. Sie machen sich durch den gesteigerten Gewinn der Industrie, den die Möglichkeit einer vermehrten Verwendung von Akademikern in geschäftlichen Unternehmungen nach sich ziehen würde, reichlich bezahlt. Man müßte aber natürlich auch den Lehrberuf durch bessere Bezahlung und durch Anerkennung seiner Bedeutung erstrebenswerter machen. Eine weitere Forderung ist die Berufung von durchgebildeten Technologen in die Lehrkörper des Kollegs, von Männern, die wenigstens einige Jahre in der Praxis der technischen Betriebe gestanden haben. Diese Männer würden in den vom Geiste reiner Wissenschaft erfüllten Schülern die Liebe zur Technologie wecken. Die Frage einer richtigen, sachgemäßen Verwendung der geschulten Wissenschaftler ist überhaupt der Kernpunkt des ganzen Problems. Solange diese Frage ungelöst ist, bleibt auch die Ausbildung weiter behindert. Wir werden stets nur wenige Technologen zur Verfügung der Industrie haben, da der vorher geschilderte nutzlose Kreislauf fortbestehen bleibt.

Wie vermögen wir nun dieses neue Ziel zu erreichen? Dafür gibt es nur ein Mittel: *Industrie und Naturwissenschaft müssen sich zum Wohle unseres Volkes zusammenschließen!* Es ist Sache der Fabrikanten, diese Bewegung einzuleiten. Ich wage allerdings zu behaupten, daß heutzutage die Mehrzahl der englischen Fabrikanten die Methoden der Naturwissenschaft weder kennt noch schätzt. Ja die meisten haben sich sogar kaum mit den ihrer speziellen Industrie zugrunde liegenden wissenschaftlichen Disziplinen vertraut gemacht. Wie viele Firmen benutzen in ihren Betrieben noch immer die gleichen Herstellungsverfahren, wie sie zur Zeit der Begründung der betreffenden Industrie üblich waren!

Hätten sie die wissenschaftliche Literatur auch nur oberflächlich verfolgt, so würden sie wissen, wie zahlreiche Verbesserungen in der Zwischenzeit eingeführt wurden. Dem Kaufmanne fehlt es eben an der Zeit, sich selbst mit diesen Fragen zu beschäftigen. Hätte er aber einen tüchtigen naturwissenschaftlichen Berater, so würde natürlich dieser dafür sorgen, daß sein Geschäft auch wissenschaftlich auf der Höhe der Forschung erhalten bliebe. Glücklicherweise beginnt sich ja allmählich eine etwas größere Wertschätzung der Wissenschaft in ihrer Bedeutung für die Industrie bei unserer Kaufmannschaft bemerkbar zu machen. Das genügt jedoch nicht. Wir brauchen die rückhaltlose Anerkennung dieser offenkundigen Tatsache und die tatkräftigste Unterstützung, wenn wir es erreichen wollen, daß unsere Betriebe wirklich gemäß den von den Naturwissenschaften aufgezeigten Richtlinien arbeiten. Die wenigen fortschrittlichen Firmen, die geeignete Naturforscher in ihren Betrieben beschäftigen, ernten schon jetzt die Früchte ihres Weitblickes. Trotzdem besteht noch in den weitesten Kreisen der Geschäftswelt die Ansicht, daß die Anstellung von Naturwissenschaftlern gewissermaßen nur ein Luxus sei. Wäre es möglich, Naturforscher mit den für die industriellen Unternehmungen erforderlichen speziellen Kenntnissen zu erhalten, so würde man bald allgemein einsehen, daß es sich bei der Inanspruchnahme ihrer Dienste nicht um einen entbehrlichen Luxus, sondern um eine bittere Notwendigkeit handelt. Heute kann leider mit einer gewissen Berechtigung der Einwand erhoben werden, daß es nicht möglich sei, geeignete Leute zu bekommen. Das läßt sich tatsächlich schwer bestreiten. Deshalb ist es aber um so erforderlicher, daß der Anstoß für die Ausbildung solcher Männer gerade von den Fabrikanten selbst ausgeht. Herrscht nach irgendeinem Gegenstande Nachfrage, so wird auch stets ein Weg gefunden, um dieser Nachfrage zu genügen. Doch auch das Umgekehrte ist zutreffend, daß jedes Angebot wertlos wird, wenn keine Nachfrage besteht. Wie gegenwärtig die Verhältnisse bei uns liegen, fehlt leider noch die Nachfrage nach Technologen. Wir haben nun im vorigen Kapitel in großen Zügen angedeutet, welche Vorbildung nötig ist, um einen Wissenschaftler zu befähigen, eine bestimmte Industrie zu organisieren und zur höchsten Entwicklung zu führen. Würde aber jetzt ein junger Mann bei uns diesen Wegen folgen, so müßte er nach Beendigung seines Studiums in der Regel erkennen, daß seine Anstrengungen nutzlos waren.

Es sei nochmals wiederholt, daß zunächst die Ausbildung in der reinen Wissenschaft nötig ist, der sich dann die Ausbildung in der Technologie anzuschließen hat. Mit anderen Worten, jeder, der unseren Vorschlägen folgen will, muß zunächst gründliche Allgemeinkenntnisse der Chemie, der chemischen Apparatur, der Handelswaren und der Anwendungsmethoden der reinen Wisschenschaft auf die technischen Probleme erwerben, er muß ein Spezialstudium durchmachen. Diese Spezialisierung kann auf verschiedene Weise erreicht werden, aber welcher Ansporn besteht, einen solchen technologischen Kursus durchzumachen, wenn die Wahrscheinlichkeit, die erworbenen Kenntnisse in einem industriellen Betriebe verwerten zu können, wie eins zu hundert ist? Die Folge dieser unhaltbaren Zustände zeigt sich darin, daß die Mehrzahl unserer Chemiker auf einem bestimmten Stadium ihrer Ausbildung haltmacht, sich der reinen

Wissenschaft zuwenden und das Lehrfach ergreifen. Dies ist einer der wichtigsten Gründe, warum uns die so notwendige Armee von ausgebildeten Technologen fehlt. Die Industrie bietet dem Chemiker vorläufig noch ein viel zu beschränktes Tätigkeitsfeld. Es fehlt eben in den wirtschaftlichen Kreisen die Einsicht, welchen weitreichenden Einfluß die verschiedenen Zweige der Naturwissenschaften auf die Entwicklung unserer industriellen Unternehmungen haben könnten. Die meisten Firmen glauben, genug getan zu haben, wenn sie von Leuten, die von Kindheit auf in ihren Betrieben beschäftigt waren, einige wissenschaftliche Proben durchführen lassen. Selbstverständlich sind derartige Arbeiten notwendig und können, wie die Verhältnisse jetzt liegen, in den meisten Fällen auch von gewöhnlichen Arbeitern ausgeführt werden. Daneben besteht aber auch dringend die Notwendigkeit für höhere wissenschaftliche Arbeiten. Unsere Fabrikanten wollen leider immer noch nicht einsehen, wieviel wirtschaftlicher ihre Betriebe durch Männer von größerer Elastizität des Geistes und mit weiterem Blick gestaltet werden könnten. Sie wollen nicht einsehen, daß das, was ihnen heute als ein unglücklicher Zufall bei irgendeinem Herstellungsverfahren erscheint, ein Zufall, der nur mißlungene Produkte zeitigt, unter den Händen eines Naturwissenschaftlers häufig zu einer gundlegenden Verbesserung des Verfahrens führen könnte. Wir brauchen in der Industrie Männer mit Initiative, fähig zu selbständiger Forschung, die unseren Betrieben eine Stütze sind, bereit, in jedem Augenblick etwas nicht ganz Verstandenes aufzugreifen, zu untersuchen und Nutzen daraus zu ziehen. Wenn manche Betriebsleiter einen Schimmer naturwissenschaftlicher Kenntnisse besäßen, wenn sie wüßten, wie sehr ihre Verfahren dem Zufall unterliegen, sie würden erschrecken. Da ihnen jedoch diese Einsicht fehlt, verkennen sie auch den Wert des „unpraktischen" Gelehrten. Sie sollten nur einmal den Versuch machen, einen Naturforscher in ihren Betrieben zu beschäftigen! Bereits in wenigen Wochen wird er sich die Praxis angeeignet haben; denn die methodische Ausbildung hat seinen Blick geschärft, daß er leicht die Einzelheiten eines Betriebsverfahrens zu übersehen vermag. Naturwissenschaft ist nicht nur eine Sammlung von Kenntnissen und Formen, sondern ein festes Netzwerk von Grundlagen, Gesetzen und Beziehungen. Verschiedene unserer chemischen Industrien haben ihre Geburtsstätte in wissenschaftlichen Laboratorien und sind nur durch die hingebende Arbeit von Forschern, die theoretische Kenntnisse mit kaufmännischer Begabung verbanden, zu ihrer heutigen Bedeutung erhoben. Hier berühren sich Naturwissenschaft und Industrie, hier ist das Feld, auf dem ein enges Handinhandarbeiten Früchte zu zeitigen vermag, hier beginnt der Weg, um unsere naturwissenschaftlich geschulten Männer zu technischen Sachverständigen zu machen. Das kann aber nur geschehen, wenn diese haltlosen Vorurteile verschwinden, die zwischen Hochschulen und Fabriken eine Schranke aufrichten und dem Studenten die Möglichkeit nehmen, kaufmännische Erfahrungen über Kosten und Marktverhältnisse aus erster Hand zu sammeln. Es bedarf dazu keines revolutionären Umsturzes. Aus den bestehenden Verhältnissen läßt sich das System entwickeln, das es unseren jungen Naturforschern gestattet, allmählich zu wirklichen Technologen zu werden und ihre Kräfte der Industrie zu weihen. Wir wollen im folgenden untersuchen, wie diese Bewegung von höchster nationaler Bedeutung am besten eingeleitet werden kann.

7. Kapitel.

Man kann nicht erwarten, daß sich ein Geschäftsmann plötzlich in einen Naturforscher verwandelt, denn sein Tun und Denken ist in erster Linie auf die Vermehrung seines Wohlstandes gerichtet, aber man darf wohl von jedem Geschäftsmann erwarten, daß er vorurteilslos jeden auf wirtschaftlichen Fortschritt abzielenden Vorschlag in Erwägung zieht. Die Frage der Wechselbeziehung zwischen Naturwissenschaft und Industrie ist aber ein solcher *geschäftlicher* Vorschlag, der unter geeigneten Bedingungen einen hohen Gewinn abzuwerfen vermag. Diese Bedingungen kann aber nur die Kaufmannschaft schaffen, indem sie die Leistungen der Wissenschaft in der Vergangenheit, in der Gegenwart und für die Zukunft anerkennt.

Es gibt eine Klasse Kaufleute, die die Naturforscher für unpraktisch und daher für wertlos für die Industrie halten. Es ist selbstverständlich, daß jemand, der eben erst seine wissenschaftliche Ausbildung vollendet hat, noch über keine Betriebserfahrungen verfügt. Er besitzt aber dafür Kenntnisse, die ihm Jahrhunderte von praktischen Erfahrungen niemals zu geben vermöchten. Er braucht nur in das geschäftliche Leben eingeführt zu werden, um seine Kenntnisse auch in kommerzieller Hinsicht fruchtbringend zu machen. So hat der junge Forscher, um auf unser Beispiel von der Raffinierung der Steinkohlenteerprodukte nochmals zurückzugreifen, durch das Studium der flüssigen Mischungen gelernt, bis zu den Ausgangspunkten dieser Industrie zurückzugehen. Der einzige Unterschied besteht nur darin: während seiner wissenschaftlichen Ausbildungszeit verwandte er Apparate aus Glas, Fraktionierkolonnen von einer Größe, die die günstigsten Ergebnisse gestattete; er konnte so viele Auffanggefäße benützen, wie er wollte, und vielleicht auch mehr Zwischenprodukte herstellen, als in der Praxis eines industriellen Betriebes möglich ist. Was will das aber besagen? Die Gesetze der Fraktionierung sind die gleichen im industriellen Betriebe wie im wissenschaftlichen Laboratorium. Hat unser Student nur eine Gelegenheit, die Betriebsverfahren im großen kennen zu lernen, so wird es ihm dank seiner wissenschaftlichen Schulung ein leichtes sein, sich in den Großbetrieb hineinzufinden. *Der Fabrikant aber vermag viel zur Ausbildung tüchtiger Technologen beizutragen, wenn er den Studierenden der örtlichen Hochschulen gestattet, seinen Betrieb zu besichtigen und die Betriebsverfahren in der Praxis kennen zu lernen.* Es gibt weitsichtige Leute, die dies heute schon tun; in der Regel sind das aber solche, die bereits aus der Anstellung eines Naturwissenschaftlers Vorteile ziehen. *Andere engherzigere werden dagegen einwenden, daß derartige Besichtigungen zu einem Verrat der Betriebsgeheimnisse führen. Dieser Einwand ist aber nicht* stichhaltig. Ich habe zahlreiche derartige Führungen mitgemacht, aber ich konnte nie beobachten, daß dadurch irgendwelche Fabrikgeheimnisse bekannt wurden. Man muß doch berücksichtigen, daß diese Besichtigungen für den Studenten nicht den Zweck haben, das betreffende Verfahren kennen zu lernen — das, sowie alle ihm zugrunde liegenden Prinzipien sind ihm ja längst vertraut —, er kommt lediglich, um die Anwendung des Verfahrens im großen Maßstabe zu sehen und einen Vergleich mit dem Laboratoriumsbetrieb zu ziehen; denn die Fabrikapparate haben sich aus den Laboratoriumsapparaten entwickelt, und es ist wünschenswert, daß die Studenten diese Entwicklung aus eigner Anschauung kennen lernen.

Ein anderer Weg zur engsten Verbindung zwischen Hochschule und Fabrik ist der, daß die Hochschulen als Entgelt für die Besichtigungen die Fabrikanten bei der Auswahl ihrer Chemiker beraten und, soweit das nötig ist, ihnen ihre Hochschullaboratorien zur Verfügung stellen. Sehr häufig ergibt sich da die Gelegenheit, Laboratoriumsapparate, die den Fabriklaboratorien im allgemeinen fehlen, sowie andere Einrichtungen der Hochschulen zu benutzen. Die Beschaffung solcher nur selten benutzter Anlagen und Apparate bedeutet aber eine große Ausgabe, und in diesem Falle sollten die Hochschulen den Fabrikanten helfend zur Seite stehen und ihnen ihr gut ausgerüstetes Laboratorium zu Versuchen freistellen.

In der Universität zu Kansas besteht ein Stiftungsfonds für angewandte Chemie. Dieses Stipendium, das von den Fabrikanten des Landes gestiftet ist, wird Studenten der Chemie nach ihrer Promotion, wenn sie sich gründliche Kenntnisse in der angewandten

Chemie erworben haben, gewährt. Der betreffende Student, der ein solches Stipendium erhält, bleibt in der Universität und beschäftigt sich dort im Interesse eines der Fabrikanten mit der Lösung bestimmter Betriebsarbeiten. Die Ergebnisse dieser Forschung gehören dann dem Fabrikanten, der dem Studenten als Gegenleistung außer einem bestimmten Preise die Gelegenheit bietet, in der Firma, für die er diese Arbeiten ausgeführt hat, eine entsprechende Stellung zu erlangen. Da die Arbeiten in der Hochschule durchgeführt werden, erspart der Fabrikant die Kosten für eine Einrichtung eines für diese speziellen Zwecke ausgestatteten Laboratoriums. Diese Arbeiten werden unter der Kontrolle eines Professors durchgeführt, der dem Fabrikanten von Zeit zu Zeit über den Fortgang Bericht erstattet. Vielen mag diese Einrichtung bereits ausreichend erscheinen, um die notwendige Verbindung zwischen Hochschule und Fabrik herzustellen. Ich glaube freilich, daß doch viele Mißstände vorhanden sind und kein großer Nutzen damit erzielt wird. Vor allem werden viele Betriebe dadurch verleitet, selbst keine Chemiker anzustellen, sondern alle notwendigen Untersuchungen durch Vermittlung der Hochschule ausführen zu lassen, ihren Betrieb aber in althergebrachter Weise weiterzuführen mit dem Ergebnis, daß zahlreiche Zufälligkeiten einer Durchforschung verloren gehen. Das von uns geforderte Ziel, daß unsere industriellen Betriebe ständig unter die Kontrolle eines Technologen gestellt und durch ihn nach wissenschaftlicher Methode weiter entwickelt werden, wird zweifellos auf diese Weise nicht erreicht. Durch gewisse Verbesserungen dieser Stipendien könnten wohl bleibende Resultate erzielt werden, aber nur, wenn die Fabriken gleichzeitig in ihren Betrieben eigne Chemiker anstellen, und die Einrichtungen der Hochschulen nur in ganz besonderen Ausnahmefällen benutzen. Es ist unbedingt erforderlich, daß die Fabriken eignes chemisch ausgebildetes Personal haben, das immer imstande ist, jede neue ungeklärte Erscheinung sofort zu untersuchen. Bei richtiger Wertschätzung der Naturwissenschaften und bei Kenntnis ihrer Methoden würden unsere Fabrikanten auch vom geschäftlichen Standpunkt aus bald den großen Wert erkennen, der einem geschulten Naturwissenschaftler für die Entwicklung, Kontrolle und Ausarbeitung neuer technischer Verfahren zukommt. Sie würden einsehen lernen, wie unentbehrlich ein erfahrener Technologe für ihren Betrieb ist. Es wäre ihr eigenster Vorteil, wenn auch jeder ihrer Arbeiter ein gewisses Maß von Schulung hätte, das er im Betriebe selbst nicht erwerben kann. Solche für die Kontrolle unserer Betriebe geeignete Leute könnten wir bald haben, wenn wir die entsprechenden Einrichtungen für die Ausbildung von Sachverständigen schüfen. Es sei noch darauf hingewiesen, daß nach dem im Kapitel 5 dargelegten Erziehungsplan nicht etwa die Absicht besteht, zwangsweise einen bestimmten Studenten für die Forscherarbeit und einen anderen für die Betriebskontrolle zu erziehen. Darüber entscheidet allein die Befähigung. Wir wollen uns jetzt noch der Frage der Ausbildung der Werkmeister zuwenden und sehen, wie wir unter ihnen ein leistungsfähiges Heer von Betriebskontrolleuren gewinnen können. Als Ausgangspunkt mögen die Abendschüler dienen.

Die Mehrzahl der Schüler, welche die Abendklassen in den technischen Schulen besuchen, sind Jünglinge, die tagsüber in technischen Betrieben beschäftigt sind. Schon die Tatsache, daß sie ihre Abende zu einer Ausbildung benutzen, die sie zu höheren Leistungen in ihren Betrieben befähigt, beweist, wie sehr sie den Wert naturwissenschaftlicher Kenntnisse schätzen. Leider mußten sie ihre Ausbildung zu früh abbrechen. Fragen wir uns aber, ob unsere Fabrikanten diesen für sie selbst doch so wertvollen Lerneifer anerkennen und ermutigen, so muß die Antwort in der Mehrzahl der Fälle leider verneinend ausfallen, und doch könnten die meisten dieser Abendstunden dank besserer Kenntnisse weit mehr leisten. Ich denke in erster Linie an die Abendschüler, die im Verlaufe von vier- bis fünfsemestrigen Kursen reine Chemie und verwandte Fächer studiert haben und sich dann den technischen Spezialkursen ihrer bestimmten Industrie zuwenden. Natürlich kommt jemand, der nur einen Kursus in seinem Gebiet besucht hat, hier überhaupt nicht in Betracht, obwohl man solche Leute früher häufig genug für fertig ausgebildet gehalten hat und aus ihren mangelhaften Kenntnissen dann voreilig einen Rückschluß auf die Wertlosigkeit der Naturwissenschaften zog. Der Fabrikant muß besonders die Abendschüler ermutigen und fördern, die unter Aufopferung und Mühe ein vier- bis fünfsemestriges Studium ihrer knappen Zeit abgerungen haben. Das sind die Leute, welche ihnen nützen können, und ihnen müßten von seiten der Fabrikanten die Hindernisse aus dem Wege geräumt werden. Auch die Leistungsfähigkeit des menschlichen Gehirns hat ihre Grenzen. Ich kenne Leute, die von fünf Uhr morgens bis fünf Uhr nachmittags in der Fabrik arbeiten und nach dieser anstrengenden Tätigkeit noch von sieben bis zehn Uhr die Abendschule besuchen. Das geht natürlich über menschliche Leistungsfähigkeit hinaus. Es ist völlig ausgeschlossen, daß diese überarbeiteten jungen Männer mit wirklichem Gewinn ihr Studium durchführen können. Es müssen sich Mittel und Wege finden lassen, derartige Verhältnisse zu ändern. Dieser durch keine äußeren Hindernisse zu lähmende Lerneifer zeigt den Ehrgeiz und die Energie dieser Leute. Man sollte daher ihren Eifer fördern, indem man ihnen am Tage etwas mehr freie Zeit läßt. Ein solches Entgegenkommen läge doch vor allem im Interesse der Fabrikanten, da sie auf diese Weise mit der Zeit immer wertvollere Mitarbeiter gewinnen. Wir brauchen eine Organisation unseres Lehrlingswesens, die den Vorwärtsstrebenden genügend Zeit zum Studium läßt. Ein sehr verständiges System, das weitere Verbreitung verdiente, ist auf unseren Werften eingeführt. Die Lehrlinge können dort eine gewisse Zeit auf der Werftschule zubringen. In der ersten Zeit muß jeder Lehrling ein bestimmtes Mindestmaß von Kursen durchmachen. Den fähigen und strebsamen Lehrlingen ist darüber hinaus aber noch Gelegenheit geboten, auch in den folgenden Jahren die Schule zu besuchen. Diese Fortsetzung des Unterrichts wird jedoch nur den Begabteren gestattet, die durch erfolgreiche Absolvierung des vorgeschriebenen Mindestmaßes einen Befähigungsnachweis erbracht haben, und die Fortsetzung wird auch später von Jahr zu Jahr nach den Leistungen bestimmt. Vor allen Dingen ist es aber wichtig, daß der Schulbesuch auf den Werften ausschließlich w ä h r e n d der Arbeitszeit stattfinde. Das einzige Maß für die Dauer der Schulzeit sind die Leistungen, sowie ein Schüler das Interesse an dem Unterricht verliert, muß er seine ganze Zeit in der Werkstatt verbringen. Die dank diesem System erzielten Resultate sind der beste Beweis für seinen Wert. Man begegnet häufig in Ingenieurkreisen ehemaligen Werftschülern in den angesehensten Stellungen. Fast in jedem Jahr sehen wir ehemalige Werftzöglinge sich erfolgreich um die nationalen und die Whitworts-Stipendien bewerben. Diese günstigen Resultate haben verschiedene große Privatfirmen in England veranlaßt, ein ähnliches System in ihren Betrieben einzuführen, aber leider sind es verhältnismäßig wenige. Die meisten dieser Firmen geben ihren Lehrlingen bestimmte Nachmittage frei, damit sie die Kurse an den technischen Schulen besuchen können. Die Fortsetzung dieser Vergünstigung wird von den Fortschritten und Leistungen abhängig gemacht. Diese Einrichtung verdiente die weiteste Verbreitung, so daß allmählich die Abendschulen als solche gänzlich aufhören könnten, da ihre Aufgaben vorteilhafter am Tage erfüllt werden. Die Abendarbeit würde sich dann nur noch auf Vorlesungen für Leute mit guter Allgemeinbildung beschränken. Dann wäre der Vortragende in der Lage, sich den höheren Fragen der reinen Wissenschaft und Technologie zuzuwenden, und die Vorlesungen würden allmählich mehr und mehr den University Lectures ähnlich werden, die jetzt in verschiedenen Städten von Universitätslehrern gehalten werden. Aus einer solchen Organisation des Lehrlingswesens würden unsere technischen Tagesschulen ein weites und nützliches Arbeitsfeld gewinnen. Wenn daher unsere Industriellen nur einmal versuchen wollten, den Nutzen geschulter Leute festzustellen, indem sie in ihren Betrieben ähnliche Einrichtungen einführten, würden sie bald den Nutzen und die Bedeutung des vorgebildeten Mannes für ihre Produktion merken. Wenn sie ferner erst eingesehen hätten, welcher Wert dem Technologen als Ratgeber und Leiter eines Betriebes zukommt, dann dürften wir hoffen, endlich auch in England ein Erziehungssystem zu bekommen, das demjenigen von Oesterreich und den übrigen Ländern des Kontinents gleichwertig ist.

Schlußbetrachtung.

Die vorhergehenden Seiten wollen nur ein bescheidener Versuch sein, die Frage des Zusammenwirkens von Naturwissenschaft und Industrie unparteiisch darzustellen. Ich schrieb sie aus dem Gefühl heraus, daß in England der Gebrauch der angewandten Chemie in Rückstand geraten ist. Andere Länder haben uns bereits überflügelt, weil sie den Wert des Chemikers für die Industrie besser zu schätzen wußten. In ihren Händen ist die angewandte Chemie zu einer mächtigen Waffe geworden, mit der sie unsern Markt bedrängen. Das wird sich in Zukunft noch verstärken. Denn der Wettbewerb wird auf allen Gebieten des Handels von Jahr zu Jahr heftiger, und nur die Leistungsfähigkeit einer Nation entscheidet über die Vorherrschaft. Nicht die Nation, welche die größte Armee und Flotte besitzt, wird in Zukunft die überragende Großmacht sein, sondern der Nation fällt der Kranz zu, die die stärkste wissenschaftliche Armee ins Feld führen kann. Unsere gesamten Lebensverhältnisse, die industriellen, nationalen und internationalen, haben sich langsam, aber von Grund aus geändert. Die große Bedeutung Englands für den internationalen

Handel beruhte außer auf unserem englischen Temperament in erster Linie auf unseren reichen Kohlenschätzen. Wir können auf eine glänzende Vergangenheit unseres Handels zurückblicken und uns als Pioniere auf diesem Gebiet betrachten, weil wir als die erste Nation die Schätze unseres Landes ausführten und gegen ausländische Nahrungsmittel vertauschten. Stets war unser Streben nach vorwärts gerichtet, und unser Wunsch nach Machtstellung erreichte in dem britischen Weltreich seinen Höhepunkt, einem Weltreich, das durch die Tapferkeit unserer Soldaten und Seeleute geschützt, von unseren Staatsmännern zusammengehalten und durch unsere Energie im Handel immer weiter ausgedehnt wurde. Die Integrität dieser Herrschaft hängt von unserem wirtschaftlichen Wohlstande ab. Als unsere Industrie geschaffen wurde, war die Naturwissenschaft erst ein Säugling, der der Industrie keine Hilfe zu leisten vermochte. Heute ist die Naturwissenschaft kräftig, stark und mächtig aufgewachsen, aber es ist nicht England, sondern es sind andere Länder, die sich ihrer Hilfe versichert haben. Unzählige Geheimnisse hat uns die naturwissenschaftliche Forschung offenbart und uns die Wege zur Macht gewiesen. Daher müssen wir auch trachten, für unsere Nation aus dieser gewaltigen Kraft Nutzen zu ziehen, um sie zur Stärkung unserer bestehenden Industrie und zur Errichtung neuer Werke zu verwenden. Unser Wohlstand hängt von der Leistungsfähigkeit unserer Fabriken ab; die Fabrikanten sind es, die die Entwicklungsfähigkeit der Industrie bestimmen. Ihre Einsicht gibt den Ausschlag, ob wir uns der mächtigen Waffe der angewandten Naturwissenschaften bedienen wollen. Es unterliegt keinem Zweifel, daß wir imstande sind, Chemiker heranzubilden, die denen der übrigen Nationen gleichwertig sind;

wir versäumen es aber, weil bei uns der notwendige Zusammenhang zwischen Naturwissenschaft und Industrie fehlt. Unser Erziehungswesen wäre bereit, diese Aufgaben pflichttreu zu erfüllen, aber es bedarf dazu der Unterstützung der Fabrikanten und ihrer Angestellten. Wir müssen vor allem rückhaltlos die Leistungen der fremden Konkurrenten anerkennen und die Lösung dieser lebenswichtigen Frage in der für unserer Nation charakteristischen großzügigen Art in Angriff nehmen. Es ist die höchste Zeit, daß die Industrie die ihr von der Wissenschaft gebotene Hand ergreift, denn nur im gemeinsamen Kampf, Schulter an Schulter geführt, vermögen Industrie, Wissenschaft und Erziehung unsere Nation einer segensreichen Zukunft entgegenzuführen.

II

Die Bedeutung der Naturwissenschaften im Kampfe gegen die deutsche Industrie

von

Henry Le Chatelier

Die Niederzwingung der deutschen Industrie. [1])

Unser besonders rühriger Vorsitzender, Herr Lindet, hatte den glücklichen Gedanken, die Industriellen darüber zu befragen, mit welchen Mitteln sie nach dem Kriege den Kampf gegen die deutsche Industrie aufzunehmen gedenken. Mehrere Verhandlungen über diesen wichtigen Gegenstand fanden bereits in den verschiedenen Gesellschaften statt, und die Januar-Februar-Nummer des Bulletin enthält die Antworten einiger industrieller Verbände auf die ihnen gestellten Anfragen. Eines der interessantesten Dokumente über diese Frage ist zweifel-

---

[1]) Die hochangesehene und alte „Société d'encouragement pour l'industrie nationale" hat im Jahre 1915 auf Veranlassung ihres derzeitigen Vorsitzenden, des französischen Chemikers Lindet, eine ganze Reihe von beachtenswerten Vorträgen über industrielle und wirtschaftliche Fragen, welche die französische Industrie im Kriege betreffen, veranstaltet. In dem zurzeit in Deutschland nur schwer zugänglichen Bulletin dieser Gesellschaft sind diese Vorträge sämtlich wortgetreu zum Abdruck gebracht. Im Auszuge hat aber auch die bekannte Zeitschrift „Le Génie civil" eine Reihe derselben veröffentlicht, worauf Interessenten besonders hingewiesen seien. Der im folgenden wörtlich wiedergegebene Vortrag des bekannten hervorragenden Physiko-Chemikers Henry le Chatelier ist wegen seiner allgemeinen Bedeutung auch in der Nummer des „Génie civil" vom 15. Mai 1915, S. 309—311, wörtlich veröffentlicht worden. Er zeigt, daß auch in Frankreich die Stimme der Vernunft sich nicht ganz durch das Geschrei der Tagespresse hat ertöten lassen.

los der Vortrag des Herrn Berlemont, Präsidenten des Verbandes für Laboratoriums-Glaswaren.[2]) In außerordentlich freimütiger Weise hat er nämlich jene Bemühungen auseinandergesetzt, mit deren Hilfe man eine Anzahl von Glaswaren zu beschaffen versucht hat, die bis dahin allein von Deutschland geliefert worden waren. Er hat das seltene Verdienst gehabt, einzusehen, daß man wirklich bedeutungsvolle Ergebnisse nur erzielen kann, wenn man sich dafür mit allen Kräften voll einsetzt und die Irrtümer der Vergangenheit vermeidet. Eine leider allzu große Anzahl von Industriellen scheint dagegen nur an die Errichtung neuer Zollschranken zu denken, an die Aufhebung der Steuer auf Alkohol oder an die Beschränkung des Arbeitstages sowie an die Verpflichtung der Banken, die französischen Industriellen in wirkungsvollerer Weise zu unterstützen. Das sind alles Forderungen, die keine eigenen Anstrengungen notwendig machen, und die für die Verbraucher, d. h. für die große Mehrzahl der Franzosen, mit Sicherheit nach dem Kriege nur eine Verteuerung aller Waren und eine Verschlechterung ihrer Eigenschaften voraussehen lassen. Berlemont hat weiter in seinem Vortrag auf einen Gesichtspunkt hingewiesen, der noch einige erklärende Worte zu verdienen scheint. Er fordert nämlich eine unmittelbare Anteilnahme von seiten der Gelehrten gegenüber der Aufgabe, die französische Industrie wieder zu heben; er möchte gern, daß die Gelehrten den Industriellen stets mit Rat und Tat zur Seite stehen und dadurch den Fabrikanten gleichsam einen wissenschaftlichen Stempel aufprägen. Hierüber herrschen aber ge-

---

[2]) „Le Génie civil" vom 15. Mai 1915, S. 316, gibt einen interessanten Auszug dieses Vortrages.

wisse Mißverständnisse. Berlemont scheint die Gelehrten wie eine Art höherer Wesen zu betrachten, die gleichsam eine Verkörperung der Wissenschaft darstellen und stets bereit sind, auf jede beliebige unvorhergesehene Frage zu antworten. So liegen die Dinge leider nicht. Jeder Gelehrte hat nur ein sehr beschränktes Gebiet aus der Gesamtheit der wissenschaftlichen Kenntnisse erforscht, womit er manchmal sein ganzes Leben lang sich bemüht hat. Es müßte ein sehr großer Zufall sein, wenn der Gelehrte imstande sein sollte, jene Fragen von Grund aus zu beherrschen, nach denen ein beliebiger Industrieller seinen Rat erbitten würde. Aber er besitzt eine wirksame Arbeitsmethode, und die Wissenschaft selbst stellt ja auch nichts andres dar. Deshalb kann er bei Gelegenheit seine Kenntnisse und seine Methoden für die Industrie in einer nützlichen Weise anwenden. Dazu sind aber zwei Bedingungen zu erfüllen: eine offene Aussprache über die Ergebnisse seiner persönlichen Erfahrungen durch den Industriellen, d. h. eine Preisgebung desjenigen, was er in übrigens sehr unangebrachter Weise seine „Fabrikgeheimnisse" nennt; sehr wenige französische Industrielle werden aber geneigt sein, derartige vertrauliche Mitteilungen zu machen.

Außerdem erfordert aber auf der anderen Seite die Anwendung seiner Kenntnisse von seiten des Gelehrten eine lange Zeit und viel Arbeit, um die ihm gestellten Aufgaben auch wirklich lösen zu können, und infolgedessen auch die Bereitstellung einer angemessenen Bezahlung. Gegenwärtig wird aber der französische Industrielle sehr häufig die geforderte Bezahlung als gänzlich unangemessen gegenüber den geleisteten Diensten bezeichnen, und der Gelehrte wird anderseits die für seine Arbeit erhaltene Bezahlung gänzlich lächerlich finden.

Eine Einigung ist daher sehr selten möglich. Es gibt verschiedene Mittel und Wege, wodurch die Naturwissenschaften der Industrie helfen können. Der Industrielle soll Ingenieure, Chemiker, die imstande sind, wissenschaftliche Arbeit zu leisten, anstellen und angemessen bezahlen. Er soll sich bemühen, die Unterstützung der Wissenschaft durch ein gut geleitetes eigenes Laboratorium und nicht durch die Staatsverwaltung zu sichern. Eine jede deutsche Fabrik, so klein sie auch ist, besitzt ein Laboratorium, um den Gang der Fabrikation zu verfolgen und die Qualität der hergestellten Waren nachzuprüfen. Dieses System hat sich auf der anderen Seite des Rheins durchaus bewährt, und es kann auch in Frankreich in nützlicher Weise angewandt werden.

Außer auf Fabrikslaboratorien sollte man aber auch noch Wert auf die Hilfe von Laboratorien von Verbänden legen, deren Arbeit allen Unternehmungen derselben Industrie zugute kommt. Es ist vollkommen unnütz, daß man gewisse Arbeiten von allgemeinem Interesse in mehreren ähnlichen Betrieben ständig wiederholt. Das ist die reine Verschwendung. Das Laboratorium des „Verbandes der deutschen Portland-Cement-Fabrikanten" stellt auf gemeinsame Kosten Untersuchungen über die Beständigkeit des Zements im Meerwasser an; es prüft die Untersuchungsmethoden und überwacht die Fabrikation aller Werke des Verbandes, wodurch es den derart beaufsichtigten Produkten einen höheren Wert verleiht. Ebenso untersucht in Frankreich die Versuchsstation des Kohlensyndikats in Liévin alle Fragen, die auf die Sicherheit der Kohlenbergwerke Bezug haben. Die jährlichen Ausgaben hierfür, die heute 100 000 Fr. übersteigen, könnten schwerlich von einem einzigen Bergwerk aufgebracht werden.

Endlich können und sollen die großen staatlichen Laboratorien mit den Laboratorien der Verbände und selbst mit den Fabrikslaboratorien zusammenarbeiten, sofern es sich um Fragen von allgemeiner Bedeutung handelt. Sie können sogar an die Stelle von Verbandslaboratorien treten, wo derartige Einrichtungen nicht vorhanden sind. In Deutschland untersucht das Materialprüfungsamt in Groß-Lichterfelde z. B. die Zementfrage, wobei es finanziell und technisch durch das Syndikat der Zementfabrikanten unterstützt wird und gleichzeitig auch die Hilfe des Architektenvereins und der deutschen Ingenieure erhält. Die Aufwendungen für diese Studien haben in den letzten Jahren mehrere 100 000 Fr. erreicht. In England untersucht das nationale physikalische Laboratorium in London alle Fragen, welche ihm von den Industriellen vorgelegt werden, wobei von dem etwaigen Gewinn bis zu 30 % für Untersuchungen aufgewendet werden, die im allgemeinen Interesse des Landes als wichtig erachtet werden. Die Kosten für die Untersuchungen trägt natürlich auch hier die Industrie.

Diese Einschaltung des Laboratoriums in die moderne Industrie, die eine der Ursachen der Überlegenheit der deutschen Industrie ist, hat andererseits dazu geführt, daß die kleinen Fabriken mehr und mehr verschwinden, und daß die technischen Leiter der Werke notwendigerweise theoretische und praktische Kenntnisse von der Bedeutung des Laboratoriums besitzen. Die dauernde Benutzung des Laboratoriums ist in kleinen Fabriken fast unmöglich. Ein Laboratorium kostet mit den Angehörigen und dem Material wenigstens 10 000 Fr. jährlich und kann bei großen Fabriken mehr als 100 000 Fr. erfordern. So hohe Generalunkosten können nur bei bedeutenden und großen Betrieben aufgebracht werden. Es liegen aber noch andere derartige Generalunkosten vor; man braucht noch eine Forschungsabteilung für den Betrieb, eine Abteilung für die Organisation der Arbeit und endlich eine Handelsabteilung mit Korrespondenten in verschiedenen Gegenden. Es handelt sich dabei nicht um ein für allemal feststehende Unkosten, aber mit der steigenden Bedeutung des Unternehmens nehmen diese Kosten nicht sehr erheblich zu. Sie sind aber unter allen Umständen notwendig, um einen niedrigen Gestehungspreis, eine überlegene Qualität der hergestellten Waren und endlich auch, um eine zweckentsprechende Verkaufsmöglichkeit zu sichern.

Wenn das Verschwinden der kleinen Industrie eine wirtschaftliche Notwendigkeit darstellt, so ist es nichtsdestoweniger vom sozialen Standpunkt aus bedauerlich. Der kleine Besitzer, der Herr seiner selbst ist, ist stets glücklicher als der Angestellte eines großen Werkes. Man muß daher, wenn man die Notwendigkeit dieser Maßregel begreift, versuchen, die Unzuträglichkeiten auf ein Mindestmaß zu beschränken. Das ist nicht unmöglich. Man kann zuerst eine Organisation schaffen, in der man den Angestellten eine höhere Bezahlung gewährt, als sie selbst bei einer Selbständigkeit würden erzielen können. Diese Bedingung ist übrigens heutzutage fast überall erfüllt. Man kann außerdem sich damit beschäftigen, ihnen gewisse materielle Annehmlichkeiten im Leben zu verschaffen: z. B. eine schöne Wohnung inmitten von Gärten in einem wohlgepflegten Lande. Es ist eine Schande für Frankreich, daß man nichts dagegen tut, daß die industriellen Werke in der Umgegend von Paris äußerlich einen so verkommenen

Eindruck machen. Man muß auch sein Augenmerk darauf richten, daß in der Fabrik die Bureaus gut eingerichtet sind, daß sie helles Licht besitzen und einen freundlichen Anstrich haben. Ich erinnere mich stets gern an die Organisation der Bergwerksschule zu Leoben in Österreich: die Professoren müssen dort den ganzen Tag in der Schule bleiben; sie befinden sich stets in Verbindung mit ihren Schülern und stehen dauernd zu ihrer Verfügung. Ihr Arbeitszimmer ist unmittelbar neben dem Hörsaal und dieser wieder mit den Zeichensälen und den Laboratorien verbunden. Die Schüler brauchen nur durch den Hörsal hindurchzugehen, um von ihrem Lehrer im Bedarfsfalle Rat zu erbitten. Dagegen haben die Professoren außer ihrem Arbeitszimmer noch ein Empfangszimmer, das mit hübschen Möbeln, grünen Pflanzen und frischen Blumen geschmückt ist. Dieses Zimmer geht unmittelbar auf den Eingang zu der Schule hinaus, ohne daß man nötig hat, durch die Arbeitsräume für die Schüler zu gehen. Dieses Zimmer dient auch als Empfangsraum für die Eltern und für die Freunde. Die Professoren sind dort wie bei sich zu Hause, denn es ist ihr persönliches Zimmer.

Wenn die Arbeitsorganisation auch sehr genauen Vorschriften unterworfen sein muß und eine scharfe Disziplin erfordert, so muß sie doch eine gewisse Bewegungsfreiheit im Verein mit einer entsprechenden Verantwortlichkeit freilassen, und zwar muß diese Freiheit vom Ingenieur bis zum Angestellten und Vorarbeiter herunter vorhanden sein. Es darf für Launen der Fabrikherren keine Möglichkeit vorhanden sein, und die Fabrikanten müssen auch stets die persönliche

Würde eines jeden ihrer Mitarbeiter zu achten verstehen.

Die planmäßige Ausnutzung der Laboratorien erfordert fernerhin, daß der technische Leiter kein bloßer Kaufmann sei, wie das bei einer allzu großen Zahl der französischen Industrien vorkommt. Er muß nicht nur technische und ausgedehnte wissenschaftliche Kenntnisse besitzen, sondern auch die Praxis des Laboratoriums beherrschen, das bedeutet natürlich nicht, daß ein Fabrikleiter gewöhnlich im Laboratorium arbeiten soll, aber er muß imstande sein, es zu tun. Wenn das nicht der Fall ist, so wird er völlig außerstande sein, das Laboratorium zweckmäßig auszunutzen, dort die unbedingt notwendigen Anordnungen zu geben und zu wissen, welche Fragen bearbeitet werden sollen, und wie das zu geschehen hat; sein Laboratorium wird ihm auf diese Art sehr teuer zu stehen kommen und nichts einbringen. Diese unzureichende Vorbereitung der Mehrzahl der französischen Fabrikleiter erklärt die Mißerfolge, die sie allzuhäufig erfahren haben, wenn sie den Versuch gemacht haben, in ihren Fabriken Laboratorien nach dem Vorbild der Deutschen einzurichten. Ich habe eine Fabrik gekannt, wo man 3 Jahre hindurch nach der Einrichtung eines Laboratoriums den Chemiker regelmäßig bezahlte, ohne daß man ihm irgend etwas zu tun aufgab. Schließlich gab man es der Kosten wegen wieder auf. Alles das geschah nur aus dem einen Grunde, weil der technische Fabrikleiter nicht wußte, was eine chemische Verbindung sei, weil er nicht den Nutzen einer Analyse seiner Produkte begriff und daher seinem Chemiker die ganze Woche hindurch Ruhe gönnte.

Diese Verhältnisse hängen mit einer sehr ernsten Lücke im französischen Unterrichtswesen zusammen. Die

Experimentalwissenschaft, auf der alle Industrie beruht, wird in Frankreich wenig und schlecht gelehrt. Der überwiegende Einfluß der „Polytechnischen Schule" hat der Mathematik und den abstrakten Wissenschaften eine übermächtige Stellung verschafft. Immer mehr beschränkt man sich beim physikalischen und chemischen Unterricht auf einfache Rechenübungen. Der Unterricht an der Tafel kommt allein in Frankreich zur Anwendung, während der Laboratoriumsunterricht, der auf den deutschen Universitäten im Gegensatz dazu stark entwickelt ist, beinahe unbekannt ist. Hier hätte man eine sehr wichtige Reform durchzuführen; aber man wird, wie bei allen Reformen, mit einem passiven Widerstand zu kämpfen haben. Auch geistige Fragen unterliegen dem Trägheitsmoment, und man kann daher nur mit außerordentlichen Anstrengungen neue Wege bahnen und eröffnen.

Die Industriellen müssen die Notwendigkeit einer derartigen Entwicklung begreifen und darauf dringen, daß etwas Durchgreifendes geschieht. Ich möchte bei dieser Gelegenheit auf zwei bemerkenswerte Fälle hinweisen. Vor etwa 10 Jahren trat die Gesellschaft der Zivilingenieure in London an die Spitze einer Bewegung, um den ingenieurtechnischen Unterricht zur Entwicklung zu bringen. Ein Ausschuß unter dem Vorsitz von Sir Henry White, dem Schöpfer der modernen englischen Marine, hatte einen energischen Feldzug gegen die bloße Routine und die Übermacht der Universität London unternommen. Die Gesellschaft hatte ein vollständiges Unterrichtsprogramm ausgearbeitet und seine Verwirklichung vorbereitet. Der Tod des Vorsitzenden dieser Kommission verhinderte jedoch, daß diese Bestrebungen einen vollen Erfolg hatten. In den

Vereinigten Staaten ist der höhere Schulunterricht unter dem Einfluß einer großen Vereinigung zur Entwicklung des Unterrichts in den Vereinigten Staaten vor 25 Jahren umgestaltet worden. Unter dem Druck der öffentlichen Meinung zwang diese Vereinigung die Regierung zur Ernennung des berühmten „Rats der Zehn" unter dem Vorsitz von Charles W. Eliot, Leiters der Harvard-Universität. Dieser Versuch hat einen vollen Erfolg gehabt. Daher sollten die Bemühungen von Einzelpersonen darauf gerichtet sein, die gleiche Aufgabe zu einem guten Ende zu führen.

Das Ziel, welches unmittelbar zu erreichen ist, besteht darin, daß man in Frankreich junge Leute heranbildet, die bereits vollständige theoretische Kenntnisse besitzen. Schüler der Ecole Polytechnique oder der Ecole Centrale, Besitzer des Grades eines Licencié ès Sciences, sollten die Möglichkeit haben, ihre wissenschaftliche Ausbildung durch einen Laboratoriumsunterricht zu vervollständigen, indem sie die gebräuchlichen chemischen, physikalischen, mechanischen und elektrischen Messungsmethoden sich zu eigen machen können. Was die Elektrotechnik anbetrifft, so werden diese Forderungen bereits zum großen Teil durch die Ecole Supérieure d'Electricité erfüllt. Jener Unterricht in den vier experimentellen Naturwissenschaften könnte so angeordnet sein, daß man in einem zweijährigen Lehrgang den Studierenden diese Kenntnisse beibringt, wobei täglich ein Aufenthalt von mindestens 4 Stunden Bedingung wäre. Eine solche Anordnung wäre besonders für die Söhne von Industriellen, welche später einmal das Geschäft ihres Vaters leiten sollen, unendlich wertvoll.

Die planmäßige Einrichtung von Laboratorien in den französischen Fabriken würde zwei sehr wichtige Folgen unmittelbar nach sich ziehen: einmal die Herabsetzung des Gestehungspreises und dann die Möglichkeit, dem Verbraucher eine Sicherheit für eine gute Ware zu geben. Eine der wichtigsten Ursachen der Erhöhung des Gestehungspreises besteht in dem Verhältnis der Abfallstoffe zur Fabrikation. Durch eine dauernde Überwachung der Arbeitsverhältnisse ermöglicht das Laboratorium die Beseitigung eines großen Teils dieser Abfallprodukte. Niemand würde heutzutage daran denken, ein Stahlwerk derart zu leiten, daß man auf eine dauernde analytische Untersuchung auf den Gehalt an Phosphor verzichtet, denn sonst würde man leicht auf 90 % Abfall kommen. Ich möchte noch ein geradezu typisches Beispiel erwähnen. Der Leiter einer unserer großen metallurgischen Fabriken hatte anfangs in der Industrie das Laboratorium des Werkes, welches er heute leitet, zu beaufsichtigen. Eine bestimmte Fabrikation von Spezialstählen (?) gab nun 50 % Abfall. Die Preise waren mit Rücksicht auf diese Verhältnisse festgesetzt worden. Durch Untersuchungen im Laboratorium gelang es ihm in wenigen Wochen, die Abfälle auf 2 % herabzudrücken. Eine Arbeit, die finanziell wenig vorteilhaft war und sogar kaum etwas einbrachte, wurde nun außerordentlich ertragreich. Sie brachte auch dem jungen Chemiker in seiner Laufbahn einen erheblichen Vorteil.

Das Laboratorium gestattet außerdem durch die dauernde Beaufsichtigung der Fabrikation, daß der Industrielle dem Verbraucher eine sehr wertvolle Sicherheit für die Güte der Ware zu gewährleisten imstande ist. Ich möchte hier an eine Unterredung erinnern, die ich mit einem Großindustriellen vor einigen Jahren hatte, der ohne Gewinn Glasuren für Porzellanfabriken herstellte. „Wir haben jetzt einen sehr unangenehmen Konkurrenten", sagte er mir, „der sich kürzlich in Limoges niedergelassen hat. Es ist ein Schwindler namens F. Es ist ihm gelungen, die Porzellanfabrikanten davon zu überzeugen, daß man ihm 2 Fr. pro 100 Kilogramm mehr bezahlen solle, weil er eine chemische Analyse seiner Glasuren vornehme. Und diese Dummköpfe von Fabrikanten haben das angenommen und verstehen nicht, daß eine Glasur dieselben Eigenschaften besitzt, ob sie nun analysiert ist oder nicht." Er vergaß nur, daß die übrigen Fabrikanten und auch er selbst vor allen Dingen unbrauchbare Glasuren lieferten, weil ihre Zusammensetzung stets unregelmäßig war; die Beseitigung dieses Mißstandes war wohl eine Preiserhöhung wert.

Noch ein weiteres Beispiel: Eine angesehene Fabrik von feuerfesten Materialien in B . . . . . hatte keine Ahnung von dem Nutzen chemischer Analysen. Eines Tages verwechselt man bei der Ausbeutung des Steinbruches eine Schicht von Kalkmergel, die ein Lager von feuerfestem Ton einschloß. Ich habe das Ergebnis jenes Schmelzversuches gesehen. Es lag eine wertlose Masse von festgewordenem Glas vor, und alle Ziegelsteine des Ofens waren geschmolzen. Der hierdurch verursachte Schaden ist weit größer gewesen als die Kosten eines chemischen Laboratoriums.

Ein weiteres Beispiel: Eine Zementfabrik hatte Zement für die Freitreppe der Präfektur von C. geliefert. Der Zement wies Schwellungen auf, und die Treppe zerfiel nach einigen Monaten zu Staub. Seit dieser Zeit hat die Fabrik niemals wieder Zement als solchen verkaufen können, und sie muß ihre Ware unter dem Namen „Verbesserter Kalk" verbergen und ihn daher zum Preise des Kalks verkaufen. Einfache Messungen über die Unveränderlichkeit des Volumens hätten dieses wirtschaftliche Unglück unmöglich gemacht. Ähnliche Beispiele gibt es Legionen.

Wenn die französischen Industriellen gegen die deutsche Konkurrenz ankämpfen wollen, so müssen sie sich entschließen, ihre Arbeitsmethoden nachzuahmen. Es ist eine Naivität, zu glauben, daß man heute unübersteigbare Grenzschranken zwischen benachbarten Staaten errichten kann. Würde man den direkten Bezug der deutschen Waren verbieten, so würden sie uns sofort unter neutraler Bezeichnung oder unter der Maske der Verbündeten überschwemmen. Der Handel hat kein Vaterland. Ohne diese Tatsache würde man nicht genötigt sein, in allen kriegführenden Ländern so scharfe Maßnahmen gegen die Bürger derjenigen Länder zu ergreifen, welche mit den feindlichen Ländern Handel treiben und ihnen Waren und Kriegsmunition liefern. Die französische Naturwissenschaft hat stets an der Spitze marschiert und hat Deutschland hinter sich gelassen.[3]) Warum sollten die französischen Industriellen nicht gegenüber ihren deutschen Konkurrenten eine ähnliche Stellung einnehmen? Die Elektrizitätsindustrie, die Bergwerke, die Metallurgie, die Eisenbahnen, gewisse Zweige der mechanischen Konstruktion und der Massenprodukte der chemischen Industrie stehen in Frankreich auf der Höhe; mögen die anderen Industrien

---

[3]) Diese Anschauung wird man in Deutschland nicht teilen können. Vergl. auch die objektive Darstellung von Prof. Arthur Thompson in dem Buche „German culture" im Abschnitt „Science" 1915, Verlag von F. C. & E. C. Jack.

sich auch bemühen, dem nachzukommen. Hierzu ist aber — und ich wiederhole das zum Schluß noch einmal — unbedingt erforderlich, daß man in Frankreich industrielle Leiter heranbildet, welche in den wissenschaftlichen Arbeitsmethoden geschult sind und die Bedeutung und die Praxis des Laboratoriums kennen. Ohne diese Kenntnisse ist es jedenfalls unmöglich, wissenschaftliche Angestellte in untergebener Stellung zweckmäßig zu verwenden und die Laboratorien ertragreich zu gestalten."

Schlußwort des Herausgebers.

Die obigen Bemerkungen von Henry Le Chatelier bieten für deutsche Leser inhaltlich ja nur wenig Neues, aber sie zeigen in ihrem offenen Freimut und in ihrer rückhaltlosen Anerkennung für die deutschen Leistungen, daß es auch in Frankreich trotz des Krieges möglich ist, industrielle und technische Fragen zu besprechen, ohne gegenüber Deutschland und seiner Wissenschaft chauvinistische Töne anzuschlagen.

Wieweit der Einfluß dieser verständigen Leute in Frankreich allerdings geht, steht anscheinend sehr dahin, wenn man sich vergegenwärtigt, daß man im März 1916 dem Schriftsteller Victor Cambon, dessen Vortrag über die industrielle Expansion Frankreichs in Frankreich wie in Deutschland ein gewisses Aufsehen erregt hat,[4])

---

[4]) Sonderabdruck der „Kolonialen Rundschau" 1915, als Broschüre unter dem Titel „Ein Franzose über Frankreich. Frankreichs wirtschaftliche Ziele" von Victor Cambon im Verlag von D. Reimer, Berlin 1916, von Prof. Großmann übersetzt, erschienen.

durch einen Erlaß des Ministers des Innern Malvy verboten hat, auf französischem Boden öffentlich zu sprechen. Der Saal, den er für seinen Vortrag bestimmt hatte, war nach einem Bericht des „Eclair" polizeilich besetzt, so daß Cambon nicht einmal in der Lage war, sich bei der Versammlung, deren Vorsitzender H. Le Chatelier, Mitglied der Akademie der Wissenschaften, sein sollte, zu entschuldigen. Man könnte fast versucht sein, angesichts dieser Zustände an das Wort: „Quem deus perdere vult dementat" zu denken.

III

Gemeinsame Arbeit auf chemischen Gebiet

von

Charles Holmes Herty

Gemeinsame Arbeit auf chemischem Gebiet [1])

Der bezeichnende und in der letzten Zeit sehr häufig gehörte Ausspruch „Laßt das Schiff nicht auf den Felsen laufen" ist ein Warnruf für die Sicherheit, das ebenso häufig gehörte „Durch" bedeutet die Methode des wirkungsvollen Fortschritts. In der Hoffnung, etwas zu diesem Fortschritt, an dem wir alle ein besonderes Interesse haben, und für den wir auch verantwortlich sind, mit beitragen zu können, habe ich als Thema meines Vortrages die „Gemeinsame Arbeit auf chemischem Gebiete" gewählt.

Ich muß die Frage rein national behandeln, denn die internationalen Ausblicke sind durch die Härten des europäischen Krieges genommen worden. Genau vor drei Jahren sind in New York bei Gelegenheit des VIII. Internationalen Kongresses für angewandte Chemie die Vertreter aller führenden Nationen der Welt zusammengekommen, um über Gegenstände und Fragen zu beraten und zu berichten, die sich mit dem Fortschritt der Wissenschaft befassen, zur Vertretung deren Interessen wir auch heute zusammenkommen. Das Leitmotiv der damaligen Versammlung war „Die Wissenschaft kennt keine geographischen Grenzen", und es wurden Pläne für eine zukünftige gemeinsame Arbeit mit Begeisterung aufgestellt.

---

[1]) Vortrag gehalten auf der 51. Versammlung der American Chemical Society (31. August bis 3. September 1915) zu Seattle.

Aber wie unerwartet, wie vollkommen und betrübend ist dieses Leitmotiv vergessen worden, wurden die Pläne beiseite geschoben im Kampf und Wirrwarr des Krieges. Ich habe die Worte „vergessen" und „beiseite geschoben" mit Bedacht gewählt, denn der Satz „Die Wissenschaft kennt keine geographischen Grenzen" ist von ewiger Wahrheit und die Männer aller Nationen müssen gemeinsam arbeiten, wenn der größtmögliche Erfolg erzielt werden soll. Die in der letzten Zeit so häufig gehörten Anklagen gegen Männer der Wissenschaft werden hoffentlich bald ersetzt werden durch die edleren Gefühle der Verbrüderung, die tief in den Herzen all derer schlummern, deren Lebensaufgabe die Erforschung der Wahrheit gewesen ist.

Die Chemie hat einen betäubenden Schlag erlitten. Der Ruf der Männer zu den europäischen Armeen hat die Universitätslaboratorien fast verwaist, die zwingende Notwendigkeit des Krieges hat die Gedanken und die Interessen vieler führender Männer unserer Wissenschaft in Anspruch genommen, und das Zusammenschrumpfen vieler chemischer Zeitschriften, wie dies auch schon in unseren eigenen „Chemical Abstracts" sich zeigte, deutet auf die mageren Jahre hin, die vor uns liegen. Daß diese Sterilität der Produktion noch weit über die Dauer des Krieges hinaus erwartet werden muß, ergibt sich aus dem Alter der Männer, die die Hauptmasse des Heeres ausmachen. Der Verlust so junger Männer, der Führer der kommenden Generation, wirft seine Schatten voraus.

Welchen Einfluß haben diese Verhältnisse bei uns in Amerika, wohin der Krieg noch nicht gelangt ist? Es wäre sicherlich ein schwerer Fehler gegenüber der Wissenschaft, gegenüber uns selbst und der Menschheit, wenn wir nicht mit verdoppelten Kräften uns bemühten, soweit wie es in unseren Kräften liegt, den gegenwärtigen und noch kommenden Mangel gutzumachen.

Es wäre sicher anmaßend von mir, wenn ich vor den Mitgliedern der American Chemical Society eine Verteidigungsrede für die Forschung hielte oder sie zu rechtfertigen suchte. Denn diese Organisation umfaßt mit ihren jetzt mehr als 7000 Mitgliedern die gewaltige Körperschaft derjenigen Männer, deren rastloses Bemühen in den letzten zwei Jahrzehnten die chemische Literatur so bereichert hat, und die Veröffentlichungen dieser Gesellschaft nehmen jährlich an Umfang zu für die Erhaltung und Verbreitung der Früchte dieser Forschung. Der stetige Kampf zwischen den Schatzmeistern und den drängenden Forderungen der Herausgeber unserer Zeitschrift beweist hinreichend das rasche Anwachsen der Forscherarbeit in Amerika. Glücklicherweise sind die Tage vorüber, da unsere Chemiker es für notwendig hielten, in ausländischen Zeitschriften zu veröffentlichen, um sich eine weite Verbreitung zu sichern. Alle Achtung vor den Männern, die zeitig erkannten, daß Amerika würdige Veröffentlichungen haben müsse, und die diesem großen Unternehmen ihre kräftige Unterstützung zuteil werden ließen.

Das Ziel der Forschung ist die Entdeckung der Wahrheit. Darüber sind sich alle einig, aber weshalb dieses Streben? „Wahrheit um der Wahrheit willen", „Wissenschaft um der Wissenschaft halber" und ähnliche Allgemeinplätze besagen mir nichts. Ich kann nur eine Antwort auf diese Frage finden — die Hebung der Menschheit. Bei der Betrachtung der Probleme der Forschung nehmen wir zuweilen eine künstliche Teilung der wissenschaftlichen Forschung vor in „reine" und „angewandte". Der erste Ausdruck wird von den Universitätsleuten zuweilen in einem Ton von Snobismus ausgesprochen, der letztere von den in technischen Betrieben Tätigen mit einer beinahe verachtungsvollen Beurteilung ihrer Verpflichtungen gegenüber der Wissenschaft, auf die sich ihre Arbeiten stützen.

Ich halte die chemische Forschung für ein Feld, dessen höchste Ausnutzung zwei Arten von Arbeitsleistung erfordert. Einerseits die stete Bereicherung des Bodens, „reine Chemie", wenn man so sagen will, und andrerseits das Säen, Bearbeiten und Ernten, was man „angewandte Chemie" nennen kann. Jede einzelne Arbeit ist überaus wichtig und kann nicht zur höchsten Vollendung kommen ohne Hilfe der anderen, beide benutzen dieselben Methoden, erfordern die gleiche Sorgfalt, Geschicklichkeit, Genauigkeit und Gewissenhaftigkeit und beide streben zum gleichen Ziele hin, zur Hebung der Menschheit. Wäre dies nicht das gemeinsame Ziel, dann wäre die reine Chemie eine selbstsüchtige Tändelei und die angewandte Chemie nur ein Werkzeug der Gier. In beiden Richtungen bedarf es des innigen Zusammenarbeitens aller Chemiker.

Wenn ich weiter die Ausdrücke „rein" und „angewandt" benutze, so bedeutet dies keineswegs eine Beurteilung ihres relativen Werts oder eine wissenschaftliche Klassifizierung, sondern ist einfach die Folge der Gewohnheit und der Zweckmäßigkeit, genau so wie wir auch weiterhin die Ausdrücke „organische" und „anorganische" Chemie benutzen.

Mit Recht sehen wir unsere Universitäten als die Stätte für die Ausbildung der Methoden und Ziele der chemischen Forschung an, und wenn das Ideal der Forschung sowohl die angewandte als auch die reine Chemie umfaßt, dann müssen die Universitäten dieses Ideal in Wort und Tat umsetzen. Die Begünstigung der einen oder anderen Richtung liegt nicht im Kreis der vollen Verantwortlichkeit, die jede Universität für die chemische Forschung übernimmt.

Es wird der einzelne Laboratoriumsvorsteher verantwortlich, denn in seiner Abteilung stellt er seine Universität dar. Seine Ideale drängt er den unter ihm Arbeitenden auf. Der gemeinsame Arbeitsplan, die täglichen Besprechungen im Laboratorium, die gemeinsame Anwesenheit beim Aufdämmern jeder neuen Erkenntnis bringen naturgemäß in dem Studenten ein inniges Band der Sympathie zu seinem Lehrer hervor. Die Ideale werden kritiklos übernommen. Auf diese Weise werden jährlich aus den Laboratorien junge Leute entlassen, welche die Ideale der Vorsteher übernommen haben, und die nationale Ansicht in den betreffenden Fragen wird auf diese Weise festgelegt. Ich spreche jetzt von der Durchschnitts-Universität in Amerika und bin mir vollbewußt, daß man unterscheiden muß zwischen den Arbeiten der größeren Institute, und bin mir auch vollbewußt der Schwierigkeiten, unter denen die Leute an den kleineren Instituten oft arbeiten müssen. Aber alle haben das gleiche Ideal.

Es bedarf meinerseits keiner Worte, um die Forderung der Forschung auf dem Gebiete der reinen Chemie an den amerikanischen Universitäten zu unterstützen. Gelegenheit und Anregung für derartige Arbeit ist reichlich vorhanden. Hervorgehoben sei die Aenderung der allgemeinen Anschauungen über diese Arbeit. Die alte Frage „zu welchem Zweck" ist allmählich einer tiefen Anerkennung der Hauptaufgabe der chemischen Wissenschaft und der Anschauung gewichen, daß die Fortschritte dieser Wissenschaft nicht erzielt werden durch geniale Einfälle, sondern durch die Leistungen vieler eifriger, geduldiger und begeisterter Arbeiter. Durch den langsamen Prozeß der Anhäufung von Daten werden neue Verallgemeinerungen möglich, die uns nach und nach der vollen Wahrheit näherbringen.

Die Statistik der Zeitschrift dieser Gesellschaft zeigt ein stetiges Anwachsen der Ergebnisse der Arbeiten in den Universitäts-Laboratorien. Daß diese Arbeit stetig noch wachsen wird, ist zu hoffen, und ist, wie ich glaube, auch durch die Stellungnahme der Universitätsbehörden für die Beschaffung besserer Laboratorien und Bibliotheksverhältnisse und die Errichtung von mehr Stipendien für die Studenten, die einen Grad erreicht haben, gerechtfertigt.

Im Zusammenhang mit der Frage der Universitätsforschung auf dem Gebiete der reinen Chemie seien mir noch einige Worte über eine besondere, über die Männer, gestattet, die den Laboratorien kleinerer Universitäts-Institute vorstehen. Frisch nach dem Doktorat übernehmen sie das neue verantwortungsvolle Amt voll Eifer und Feuer für die Fortsetzung der Forschung. Nach einer Zeit der Eingewöhnung in die täglichen Pflichten der neuen Umgebung erkennen sie, wenn sie sich unabhängiger Forschung zuwenden wollen, die Dürftigkeit der Ausstattung des Laboratoriums und der Bibliothek im Vergleich zu ihrer früheren Arbeitsstätte. Es folgt eine Zeit ernster Anstrengung und Bemühung für die Besserung der Ausstattung, wobei sie einsehen müssen, daß viele Forderungen infolge des beschränkten Institutsfonds unerfüllt bleiben müssen. Es folgt eine Zeit der Depression und Entmutigung, und wie oft ist der Arbeiter dann für die Ziele der reinen Chemie verloren.

Sind aber die Verhältnisse in der Tat so schlecht, wie sie manchmal erscheinen? Sehr viele wertvolle Arbeiten in der Literatur sind mit wenig kostspieligem Material und oft unter sehr entmutigenden Umständen durchgeführt worden. Wenn es an Geldmitteln fehlt, dann sind Stiftungsfonds vorhanden zur Förderung der Forschung, und zur Ergänzung nicht ausreichender Bibliotheksverhältnisse steht die reichhaltige Bibliothek der United Engineering Society von New York zur Verfügung. Mit diesen Hilfsmitteln ist es möglich, die Ziele weiter zu verfolgen.

Die große Gefahr für die Forschung auf dem Gebiete der reinen Chemie in Amerika liegt zurzeit in der geistigen Ablenkung und Demoralisierung infolge der stetigen Betrachtung der täglichen Entwicklung des europäischen Krieges. Der gewaltige Umfang und die Ereignisse dieses schrecklichen Kampfes, die täglich in den morgens, abends und mittags erscheinenden Extrablättern verkündet werden, nehmen unsere ständige Aufmerksamkeit in Anspruch und erfüllen uns mit den Schrecknissen der Lage. Ist es recht, daß wir diese Demoralisierung und Vermehrung der unglücklichen Wirkungen der so anormalen Verhältnisse um sich greifen lassen?

Die Chemie hat vielleicht mehr als jede andere Wissenschaft in dem gegenwärtigen Kriege weite Anerkennung gefunden. Viele, für die sie früher nicht mehr als ein Wort bedeutete, haben im letzten Jahre ihre Bedeutung anerkannt. Aber diese Verherrlichung hat sich mehr auf die Anwendung der Chemie erstreckt, als auf eine allgemeine und tiefe Anerkennung der Grundlagen, die in den vorangegangenen Jahren durch die Arbeiten in den Universitäts-Laboratorien geschaffen wurden. Der Drang nach der technischen Anwendung der Chemie ist jetzt auf vielen Gebieten vorhanden. Das Publikum ist bereit, darauf zu hören, und Kapital ist zur Anlage vorhanden. Es erscheint deshalb der Augenblick geeignet, sich mit den Grundlagen der Wissenschaft, die diese Anwendung ermöglicht, zu beschäftigen. Die Wissenschaft sucht keine Reklame, sie wird auch meist nur spärlich anerkannt, und doch ist sie der Boden, auf dem die Früchte reifen. Zur höchsten Entwicklung des Bodens müssen alle Chemiker wenigstens etwas beitragen. Ich stehe nicht an, in meinem Mahnruf für die gemeinsame Arbeit zu fordern, daß in allen industriellen Forschungslaboratorien, angefangen von den reich ausgestatteten und ausgerüsteten Instituten der großen Körperschaften bis zu den jüngsten analytischen Chemikern, Forschungen ausgeführt werden müssen, für die kein besonderer Auftraggeber da ist, für die auch keine Bezahlung zu erwarten ist, deren Aufgabe es aber ist, wenigstens zum Teil die Schuld abzutragen, die jeder Chemiker gegenüber der chemischen Wissenschaft hat.

Der Einfluß und die Wirkung derartiger Arbeit würde die darauf aufgewandte Zeit mehr als aufwiegen.

Das Ideal der Forschung, das mir vorschwebt, umfaßt sowohl die reine als auch die angewandte Chemie. Da es die Aufgabe der Universitäten ist, der jüngeren Generation hauptsächlich durch Forschungsarbeit diejenige Ausbildung zu geben, die sie geeignet macht für intelligente, großzügige, unabhängige Arbeiten, so sollten die amerikanischen Universitäten die Forschungen sowohl auf dem Gebiete der angewandten als auch der reinen Chemie zu fördern suchen. Die Ausführung einer erfolgreichen Arbeit auf diesem Gebiet bedingt ein sorgfältiges Studium der Literatur, Vorversuche, systematische Versuche, sorgfältig gezogene Schlußfolgerungen und die Vorbereitung für die Veröffentlichung. Dies ist der normale Lauf jeder Forscherarbeit.

Es muß auch berücksichtigt werden, daß die Mehrzahl der an Universitäts-Laboratorien ausgebildeten jungen Leute den Eintritt in die verschiedenen Industrien erstreben. Dies ist natürlich, denn unser Land steht mitten in einer großen industriellen Entwicklung. Wir haben die Pioniertage überwunden, als wir Neuland eroberten. Der Kampf für die Freiheit der Gedanken und Taten ist gewonnen, und gerade vor einem halben Jahrhundert ist in dem bitteren brudermörderischen Kampf ein für allemal festgestellt worden, daß wir ein einiges Land sind. Nach der Erholung von den Verwüstungen dieses Krieges setzte die industrielle Entwicklung bei uns ein. Die Industrie ist jetzt nicht mehr das Charakeristikum eines Gebietes, sondern sie hat sich rasch über das ganze Land verbreitet. Das Kapital wächst ständig an und sucht gewinnbringende Anlagemöglichkeiten.

Wichtig für uns ist, daß der Fabrikant rasch davon überzeugt wird, daß das Werk des Chemikers dazu führt, in der Industrie wissenschaftliche Grundlagen an die Stelle von roher Empirie zu setzen, und genaue Kenntnisse an Stelle annähernder Vermutungen; Fortschritte, die sich gründen auf die Ergebnisse der Forscherarbeit, sind jetzt an die Stelle der tastenden Methoden getreten. Diese Überzeugung wurde bestärkt durch den Vortrag, den der Vorsitzende Little im Jahre 1913 in dieser Gesellschaft über das Thema „Industrielle Forschung in Amerika“ gehalten hat.

Ein weiterer Bedarf nach Chemikern für die Industrie entstand durch die Propaganda für die Erhaltung unserer Naturschätze. Der Präsident Bogert hat im Jahre 1908 in seinem Vortrage klar die wichtige Rolle dargelegt, die der Chemiker bei diesem großen Unternehmen zu spielen hat.

Bei der stetig steigenden Nachfrage nach Chemikern und der relativ nur geringen Zahl von Männern, die in unseren Laboratorien ausgebildet worden sind, darf es uns nicht wundernehmen, daß so viele unserer Universitäts-Studenten danach trachten, in die Technik zu kommen.

Wenn ich eine allgemeinere Pflege der Forschungen auf dem Gebiete der angewandten Chemie in den Universitäts-Laboratorien fordere, so glaube ich, daß Rechte der Handels- und Industrie-Untersuchungs-Laboratorien Amerikas dadurch nicht beeinträchtigt würden. Das Gebiet ist so groß, und die der Lösung harrenden Probleme sind so mannigfach, daß selbst die gesamten chemischen Kräfte der Vereinigten Staaten nicht ausreichen, um den Problemen die Beachtung zu schenken, die notwendig wäre, um alle Industrien rasch zu der Leistungsfähigkeit zu bringen, die eben nur mit Hilfe des Chemikers erreicht werden kann. In der Erhaltung und besseren Ausnützung der Naturschätze liegen genügend Probleme, um alle amerikanischen Universitäts-Laboratorien mit Arbeit zu versorgen.

Der Ausdruck „Universitäts-Forschung“ ist weiter zu fassen und bedeutet mehr, als nur örtlich die Stätte systematischer Experimente. In seiner weitesten Bedeutung ist er die Verkörperung des Universitätsgeistes selbst. Er charakterisiert die Beziehung jeder Universität zu ihrer Umgebung. Sicherlich kann kein Institut sich dieser Verpflichtung entziehen. In seiner Gesamtheit bedeutet es die Stellung der Universität zum nationalen Leben.

Wir täten daher gut daran, der im letzten Jahre so häufig gehörten Frage: „Besteht zwischen unseren Universitäten und unserer Industrie eine zweckmäßige gemeinsame Arbeit?" mehr Beachtung zu schenken.

Ich fühle mich nicht berufen, diese Frage kategorisch zu beantworten. Sicherlich erfordert die gemeinsame Arbeit die Mitwirkung von mindestens beiden Seiten, die Frage bezieht sich also in gleicher Weise auf die Universitäten und die Industrie. Ebenso sicher ist, daß eine derartige Arbeit zum beiderseitigen Nutzen gereichen würde.

Vor fünf Jahren stand ich mit einflußreichen Geschäftsleuten in enger Beziehung. Aus der dadurch erworbenen Erfahrung gewann ich bezüglich der Universität den Eindruck, der sowohl persönlich als auch allgemein von diesen Männern vertreten wurde, daß sie den Wunsch hatten, die Wahrheit jedes ihnen vorgebrachten Vorschlages zu erkennen, da sie mit solchem Wissen für die Zukunft Pläne entwerfen konnten. Der Wunsch nach Verkündigung der Wahrheit ist bei ihnen nicht so ausgesprochen wie bei unseren Universitäten, aber die Haltung den Tatsachen gegenüber, welche die Wahrheit klarmachen, ist beiden gemeinsam, und schon darin liegt ein inniges Band der Sympathie und die Grundlage für ein gemeinsames Arbeiten.

Wenn nun diese gemeinsame Arbeit noch nicht in ihrem vollen Maße durchgeführt wird, wie können wir da Hilfe erhoffen? Es sei mir gestattet, hier einige Anregungen zu geben oder besser noch, einige Fragen zu stellen. Indem ich mich an die Universitätsleute wende, würde ich fragen:

1. Jeden Leiter eines chemischen Universitätslaboratoriums: Welches ist Ihre persönliche Ansicht über die Beziehung Ihres Laboratoriums zum industriellen Leben? Halten Sie die Probleme auf diesem Gebiete für vollauf Ihrer Zeit und Ihrer rastlosen Gedanken würdig? Finden Sie Anregung durch die Hoffnung, daß Ihre Arbeit direkt zur Umwandlung einiger Rohstoffe und jetzt wertloser Naturprodukte in Formen, die für alle wertvoller sind, führen wird und daß die Verluste verringert werden können, oder daß die jetzt getrennt wirkenden Kräfte so angeordnet werden können, daß daraus neue Vorteile für die Industrie zu erwarten sind?

Wenn diese Frage bejaht wird, dann ist die Grundlage für eine gemeinsame Arbeit gegeben und macht sich von selbst bemerkbar.

2. Haben wir genug Männer der Industrie, die an unseren Universitäten Kurse abhalten? Ich meine nicht, daß sie regelmäßig Vorlesungen halten sollen, denn ich kenne sehr wohl ihre Abneigung, sich darauf vorzubereiten und sie zu halten. Sicherlich aber hat jeder dieser Leute in seinem täglichen Beruf genügend Erfahrung gesammelt und Schwierigkeiten kennen gelernt, deren Schilderung ein tieferes Verständnis und besseres Er-

fassen der Verhältnisse vermitteln würde, die im täglichen Betrieb auftreten.

3. Sind wir überzeugt davon, daß wir unsere Vorlesungen über technische Chemie speziell für die noch Unausgebildeten in der besten Form abhalten?

Eine jüngst gemachte Beobachtung sei hier erwähnt. Mehrere Jahre hindurch folgte ich den in den Lehrbüchern eingeschlagenen Weg, aber die Unterteilung in anorganische und organische Technologie erschien mir künstlich mit Rücksicht auf die in den vorhergehenden Kursen über allgemeine Chemie eingeschlagenen Wege. Die übliche Einteilung der Kapitel schien nur in losem Zusammenhang zu stehen, tatsächlich entbehrte der Kurs der Einheitlichkeit und tieferen pädagogischen Grundlage. Ich entschloß mich daher, den ganzen Standpunkt zu ändern und hielt eine Reihe von Vorlesungen über Naturschätze und Bodenprodukte und ihre Beeinflussung durch die technische Chemie. Zur Illustrierung wurde, ohne in die Einzelheiten einzugehen, die Baumwollernte betrachtet und ihre Forderungen an die Düngemittel-Industrie; ich verfolgte die Faser bei ihren Änderungen durch das Bleichen, Merzerisieren, Beizen, Färben, Drucken, Nitrieren usw., verfolgte dann den Samen auf dem Weg durch die Mühle, die Umwandlung der Samenhüllen in Futtermittel und Papier, die Verwendung als Futtermittel, die Raffinierung des Öls, seine Hydrierung, die Verwendung der Rückstände der Raffinerie in der Seifenindustrie, die Wiedergewinnung des Glyzerins und seine Nitrierung. Auf diese Weise werden alle in den früheren

Jahren behandelten Gegenstände erneut besprochen, aber in anderer Reihenfolge. Der vorherrschende Gedanke war die Anwendung der Chemie im Dienste der Menschheit. Neue Ansichten über die Rohstoffe, die Beziehungen der Industrie, die Verwertung der Nebenprodukte, die bereits erzielten Fortschritte und die in Zukunft noch zu erwartenden werden so erhalten. Am Schluß des Jahres hat der Student ein vollkommenes Bild, sein Interesse an den ihn umgebenden Dingen ist geweckt, er hat ein wahres Verständnis für den Anteil, den die Chemie an der industriellen Entwicklung hat, und in vielen Fällen hat er dann den Entschluß gefaßt, zur Entwicklung der Chemie mit beizutragen. Die durch diese Behandlung der technischen Chemie erzielten Erfolge rechtfertigen die vorgenommene Änderung voll und ganz.

Die Männer der Industrie würde ich fragen:

1. Ist nicht Ihr Interesse für die Universitäten nur gering, und ist es überhaupt vorhanden?

Und doch werden an den Universitäten in stets wachsender Zahl junge Leute ausgebildet, die Sie zu Ihrer Hilfe brauchen können, um so die Leistungsfähigkeit Ihrer Betriebe zu erhöhen und sie für den schärferen Wettbewerb der Zukunft auszubilden. Die Universitätsbibliotheken umfassen eine technische Literatur, die Sie in unmittelbare Berührung mit der letzten Entwicklung auf den Gebieten bringen kann, die für Sie von direktem Interesse und von Bedeutung sind. Der Lehrkörper umfaßt Männer, die gewohnt sind, scharf zu denken, sorgfältig zu untersuchen, und eine offene Besprechung der Betriebsschwierigkeiten mit diesen Männern würde häufig zu sehr wertvollen Beziehungen führen.

2. Halten Sie die Besichtigung Ihrer Anlage durch einen Lehrer und seine Schüler nur für eine lästige Sache, die man eben ertragen muß und so schnell als möglich erledigen läßt mit Hilfe eines untergeordneten Beamten, dem die Kenntnisse über die weiteren Ausblicke der Industrie, die Sie vertreten, fehlen?

Derartige Gelegenheiten könnten aber von unschätzbarem Wert werden zur Pflege der wahren Wechselbeziehung zwischen Universitäten und Industrie.

3. Wäre es nicht möglich, bei den Zusammenkünften der Industriellen mehr als bisher Universitäts-Vertreter mit heranzuziehen?

Ein derartiges Vorgehen wäre für beide Teile von Nutzen, würde die Gedanken anregen und gegenseitige Zuneigung fördern.

4. Haben Sie durch materielle Mittel unsere Universitäten gefördert?

Die gemeinsame Arbeit ist von gegenseitigem Nutzen. Viele Grundprinzipien unserer heutigen Industrien sind in den Universitäts - Laboratorien ausgearbeitet worden. Sie können auf mannigfache Weise helfen: indem Sie unter Betriebsbedingungen hergestelltes Material für die Forscherarbeit der Universitäts - Laboratorien liefern, indem Sie Ausrüstungen schaffen, welche die Möglichkeiten derartiger Arbeiten erweitern, indem Sie die Bibliotheken vermehren, die einen Hauptfaktor aller Forschungslaboratorien bilden, und indem Sie Stipendien stiften, die viele vielversprechende junge Leute, denen dies sonst unmöglich wäre, in den Stand setzen, ihre Arbeiten während der uneinträglichen Zeit der höheren Ausbildung fortzusetzen, die notwendig ist, wenn sie zu ihrer höchsten Entfaltung kommen wollen.

Ich kenne kein passenderes Beispiel für den Geist der Zusammenarbeit auf chemischem Gebiete als die Organisation und die vernünftige allgemeine Haltung dieser Gesellschaft. Ihre zahlreiche und stets wachsende Mitgliederzahl umfaßt Vertreter der Universität und der Industrie. Durch gemeinsame Arbeit und wachsende Begeisterung ist eine Organisation geschaffen worden, die als Nationalvermögen stetig an Wert gewinnt.

Ihre Generalversammlungen, die das Interesse für die Chemie im ganzen Lande erwecken, werden von beiden Arten von Chemikern besucht, und der gesunde, weitgehende Einfluß dieser Beziehungen wird allseitig anerkannt.

Die drei sehr guten und umfangreichen Zeitschriften werden allen Mitgliedern zugestellt. Wenn auch der Gegenstand dieser Zeitschriften verschieden ist, so muß doch anerkannt werden, daß jede einzelne für jedes Mitglied wichtig ist, und die drei Zeitschriften liefern als ein Ganzes ein Bild von der Entwicklung der Chemie in den Vereinigten Staaten.

Die stetig zunehmende Mitgliederzahl und die vermehrte Leistungsfähigkeit und Produktivität der Forscherarbeit hat es unmöglich gemacht, das Programm in Generalversammlungen zu erschöpfen, und so wurden unter der Leitung von Präsident Bogert Fachgruppen organisiert. Auf diese Weise wird zweckmäßig Gelegenheit für jede gewünschte Spezialisierung gegeben, es kann jeder Mitglied dieser Abteilungen werden, die Besucher dieser Abteilungen stammen aus allen möglichen Kreisen.

Zuweilen hört man, daß wir uns in zwei Organisationen spalten sollten, von denen eine die Universitätsvertreter, die andere die Männer der Industrie umfassen soll. Glücklicherweise findet diese Anregung nicht allgemein Anklang, und ich hoffe, daß dies auch nie geschehen wird.

Ich möchte die besten Aussichten für die Zukunft unserer Organisation darlegen und auch einen Punkt besprechen, der in sich die schwerste Gefahr birgt, wenn der Geist der gemeinsamen Arbeit nicht allgemein anerkannt wird. Ich meine unsere Bezirksvereine. Bei der über ein so weites Gebiet sich erstreckenden Mitgliederschaft und infolge der nur zweimal jährlich abgehaltenen Generalversammlungen der Gesellschaft bieten diese Bezirksvereine für viele die einzige Gelegenheit für Zusammenkünfte, für Besprechungen von Angelegenheiten speziellerer Interesses; die Bezirksvereine tragen die Kosten für eingeladene Vortragende und können die Ansichten der entsprechenden Abteilungen über Angelegenheiten, welche die Gesamtheit der Gesellschaft angehen, dem Vorstand vorbringen. Dies sind einige Punkte. Die Gefahr liegt in der Spaltung in Bezirksvereine, die den Teil auf Kosten des Ganzen stärken und deren Leistungen für das allgemeine Interesse vernachlässigend klein sind. Die Gefahr liegt offen da, sie verbirgt sich aber oft im Gewand eines tieferen Gefühls, ist aber deshalb um so schlimmer. Wir wollen all die in unserem Bezirksvereinssystem liegenden

Kräfte zusammenschließen und darauf sehen, daß der Organisation des Hauptvereins hieraus nur Gutes zuströmt.

Eine andere und neue Form der gemeinsamen Arbeit auf chemischem Gebiete machte sich jüngst bemerkbar durch die Einladung, die vom Marinesekretär an unsere Gesellschaft erging, zwei Mitglieder zu ernennen, die mit den Vertretern anderer wissenschaftlicher Vereinigungen sich in den Dienst der vorgeschlagenen Organisation des Marine-Beirats, Naval Advisory Board, stellen sollen. Ich bin überzeugt, daß Sie alle mit mir sehr bereit waren, diese Einladung anzunehmen. Um die Ernennungen rasch und in dem Sinne, in dem die Einladung ergangen ist, zu sichern, wurde der Vorstand gebeten, die Ernennungen zu vollziehen, da er mit der Gesamtheit der Mitglieder der Gesellschaft durch die örtlichen Bezirksvereine in Berührung steht. Das Ergebnis dieser Wahlen ist dem Secretary of the Navy mitgeteilt worden und wird von ihm veröffentlicht werden.

Daß sich das Bedürfnis nach gemeinsamer Arbeit selbst fühlbar zu machen beginnt, dies zeigt sich durch die Teilnahme der chemischen Industriellen und der Staatsbehörden an der ersten National-Ausstellung für chemische Industrien, die diesen Monat in New York stattfinden soll. Diese Vereinigung birgt in sich große Macht, die einen weitreichenden Einfluß auf die rasche Förderung von bisher unentwickelten Gebieten der chemischen Industrie haben kann.

Endlich will ich noch eine andere Phase der gemeinsamen Arbeit erörtern, nämlich die zwischen dem amerikanischen Volk vermittels ihrer Vertreter im Kongreß und zwischen unserer chemischen Industrie. Ich habe keine Neigung, am Alten zu hängen, und glaube an die Lehre, daß ein guter, starker Kampf ums Dasein zur Langlebigkeit beiträgt; aber einige normale Funktionen unseres Kongresses hindern die industrielle Entwicklung, und es sind einige Bestrebungen zugunsten der Nation als Gesamtheit im Gange, welche die einzelnen Personen nicht annehmen können.

Die Ereignisse der letzten Zeit zwingen zu der Annahme, daß die Wiederaufnahme friedlicher Weltbeziehungen zu Zeiten vollkommen unterbunden sein kann. In einem solchen Fall wächst die Verantwortlichkeit aller Chemiker noch durch die Forderung des Patriotismus. Daß die Leistungen unserer Wissenschaft in dem modernen Krieg von größtem Wert sind, dies zeigt sich täglich in den Berichten über die Entwicklung des Kampfes unter den streitenden Völkern. Wer könnte sagen, daß die Erfindungen der Chemie für die Kriegsmethoden schon ihre Grenzen erreicht haben?

Angesichts dieser anerkannten großen Bedeutung wäre es angezeigt, in den Tagen des Redens von der „Bereitschaft" die Frage der „chemischen Bereitschaft" zu erörtern. Schiffe, Kanonen und Gewehre sind notwendig, aber als Mittel zum Zweck, das ist die Hervorbringung einer heftigen chemischen Reaktion. Selbstverständlich gibt es in der Frage der Bereitschaft Punkte, die sich der öffentlichen Erörterung entziehen, aber eine Frage stehe ich nicht an zu erörtern, denn die Tatsachen sind allgemein bekannt, das ist nämlich die Frage der S a l p e t e r v e r s o r g u n g in Amerika.

In den Tagen dieser raschen Änderungen internationaler Beziehungen ist die einzige gesunde und rationelle Politik die nationale Unabhängigkeit. Reich gesegnet mit wundervollen und mannigfachen Naturschätzen und in unserer Isolierung voll Vertrauen darauf, daß wir von schweren internationalen Verwicklungen verschont bleiben, haben wir aus Deutschland Kalizufuhren erhalten, aber mit nur geringem Vorbedacht im Nationalbureau of Soils aufbewahrt; und nun ist die Landwirtschaft arg bedrängt; ebenso haben die Textilindustriellen, die aus den Laboratorien und Farbstofffabriken Deutschlands die buntfarbige Mannigfaltigkeit ihrer Farben bezogen, der jungen kämpfenden Industrie unseres Landes, die jetzt imstande gewesen wäre, die gegenwärtigen schwierigen Verhältnisse zu überwinden, nicht die helfende Hand geboten. Von noch größerer Bedeutung, zum mindesten vom Standpunkt der Kriegsbereitschaft, ist die Tatsache, daß wir zurzeit ausschließlich von Chile für unseren Salpeterbedarf abhängig sind, dem Rohmaterial für Salpetersäure, die das sine qua non für die Erzeugung aller modernen Sprengstoffe ist, sei es Schießbaumwolle, Trinitrotoluol, Pikrinsäure, Knallquecksilber usw.

Zwar hat die Forschung des Chemikers in den letzten Jahren gezeigt, wie man die Salpetersäure aus dem Stickstoff der Luft gewinnen kann, aber all diese Verfahren konnten nicht den kommerziellen Wettbewerb bei uns aufnehmen mit der Herstellung aus Natrium-Nitrat und Schwefelsäure. Zurzeit besteht zwar keine unmittelbare Wahrscheinlichkeit, daß wir von der Chilisalpeterzufuhr abgeschnitten werden, aber in Fragen der Kriegsbereitschaft darf Wahrscheinlichkeit keine Rolle spielen, wenn man sich Gewißheit sichern kann.

Es würde also als sehr vernünftig erscheinen, wenn man mit Hilfe oder Vermittlung der Regierung genügende Vorräte an Salpeter ansammeln würde, um für den Fall eines Krieges die größte Leistungsfähigkeit der Sprengstoffabriken zu sichern, bis ausreichende Anlagen für eine zweckmäßige Gewinnung von Salpetersäure aus Luft errichtet sind. Die jährliche Einfuhr an diesem Stoff beträgt durchschnittlich 550 000 Tonnen, was einem Kapital von annähernd 15 Millionen Dollar entspricht. Das Vorhandensein eines jährlichen Überschusses innerhalb unserer Grenzen wäre von unschätzbarem Wert. Wenn die Kriegsgefahr dann glücklich vorbei ist, würden diese Salpetervorräte allmählich durch die friedlichere Düngemittelindustrie absorbiert werden, und die Kosten einer derartigen Bereitschaft würden sich beschränken auf die Ausgaben für die Lagerung und die Zinsen des angelegten Kapitals.

Der Ausdruck „chemische Bereitschaft" bezieht sich auf die gesamte Lage unserer chemischen Industrie. Haben wir uns mit den zahlreichen Fragen unseres nationalen Lebens so beschäftigt, daß wir jeder künftigen politischen Entwicklung mit vollem Vertrauen und größter Zuversicht entgegenblicken können? Zweifellos ist schon viel erreicht, aber noch ist es nicht Zeit, sich selbst zu beglückwünschen. Viel nutzbringender wird es sein, kommenden schlimmen Ereignissen mutig entgegenzusehen, uns mit den Dingen zu beschäftigen, die den Fortschritt gehemmt haben, und uns in jeder Weise zu bemühen, die Hindernisse zu überwinden. Die Zeit gestattet mir keine allzu eingehende Behandlung dieser

Frage, aber zwei Punkte von gerade augenblicklicher Bedeutung rechtfertigen eine nähere Erörterung, ich meine unser Patentgesetz und unsere Zollgesetzgebung.

Die anscheinend authentische Feststellung, daß in Amerika mehr Geld zur Sicherung und Verteidigung von Patenten ausgegeben wird, als man von all den erteilten Patenten erntet, ist ein trauriges Zeichen, entweder für die Moral der Nation oder die Brauchbarkeit des Patentgesetzes. Wenn wir nicht die moralischen Qualitäten des Volkes leugnen wollen, dann müssen wir uns fragen, worin der Mangel des amerikanischen Patentsystems liegt. Vor allem, und dies ist von größter Wichtigkeit, mangelt dem amerikanischen Volk das Verständnis für den Zweck des Patentsystems und seinen Wert als Nationalvermögen. Das Patentgesetz bezweckt, den schöpferischen Geist der Bürger zu fördern, indem es den intellektuellen Rechten den gesetzlichen Eigentumsschutz gibt, welcher Besitzrechte verleiht, und dieses Besitzrecht umschließt auch das Recht, Nutzen daraus zu ziehen. Derjenige, der etwas schafft, ist berechtigt, dafür belohnt zu werden, denn durch seine Erfindung verpflichtet er sich die Nation. Diese Verpflichtung ist nicht hart, der Patentinhaber nimmt nichts weg, sondern der Fortschritt wird ihm nur im nationalen Hauptbuch auf der Kreditseite gebucht. Da derartige Fortschritte die größte schöpferische Geschicklichkeit repräsentieren, ist es unumgänglich notwendig, daß sie in einer Atmosphäre des guten Willens erfolgen, und mit vollem Vertrauen auf die sichere, schnelle Regelung der Rechnung.

Sehr häufig aber verhält sich das Publikum ablehnend gegen den Patentinhaber, und sehr häufig bemühen sich Fabrikanten im Verfolg einer kurzsichtigen Politik auf jede Weise, seine gesetzlichen Rechte zu umgehen. Entspricht es der Würde der Kaufmannschaft, daß, da dem schöpferischen Geist so häufig geschäftliches Verständnis fehlt, er ein Objekt kaufmännischer Ausbeutung wird? Wir wollen derartige Gedanken beiseite lassen und versuchen, durch gemeinsames Vorgehen den schöpferischen Geist zu fördern, im Sinne der Schöpfer des Patentsystems.

Der Wert des Patentsystems als Nationalvermögen liegt nicht nur in der täglichen Vermehrung des Wohlstandes, sondern auch darin, daß die Öffentlichkeit eventuell Besitzer der diesen Erfindungen zugrunde liegenden Gedanken wird, denn ein Patent ist nur auf siebzehn Jahre beschränkt, währendwelcher Zeit ein Aufwand sowohl an Geistesarbeit, als auch an Kapital nötig ist, um die Idee zur höchsten praktischen Entwicklung zu bringen. Dann wird der Gedanke gesetzlich Eigentum der Nation, zu ihrer uneingeschränkten Benutzung. Sind wir willens, dieses Nationalvermögen zu schmälern durch eine endlose Besteuerung der Zeit, der Gedanken und des Kapitals des amerikanischen Geistes?

Wenn diese allgemeinen Betrachtungen von der Öffentlichkeit voll gewürdigt würden, dann würden keine Schwierigkeiten mehr bestehen, eine derartige Tätigkeit des Kongresses zu sichern, daß das Patentsystem und die damit verbundenen gesetzlichen Maßnahmen so vervollkommnet werden, daß sie voll und ganz den hohen Zwecken, für die sie geschaffen wurden, dienen können.

Sollten wir nicht endlich, mit Rücksicht auf die gegenwärtigen Verhältnisse, ein innigeres Zusammenarbeiten zwischen Kongreß und chemischer Industrie erstreben, wodurch die wirtschaftlichen Schwierigkeiten gelöst werden können, deren Besserung nur durch eine angemessene Zollgesetzgebung erwartet werden kann? Ich erkenne wohl an, daß die Ansicht der Nation in den letzten Jahren dahin ging, eine Herabsetzung des Zolls zu erreichen in der Überzeugung, daß Industrieriesen in Wickeltüchern sich vermummten, aber die gegenwärtige, unvorhergesehene Lage, die durch das Aufhören der Einfuhr der chemischen Industrie Deutschlands verursacht wurde, hat allen deutlich gezeigt, wie schwach die Glieder unserer industriellen Kette sind. Nationale Unabhängigkeit ist für uns jetzt eine wichtigere Losung als Zolleinnahmen; wenn die einzelnen Glieder gestärkt werden sollen, dann müssen wir als Volk die Ausgaben auf uns nehmen, indem wir den Schutzmaßnahmen, die eine Vereinigung von Kapital und wissenschaftlicher Geschicklichkeit bewirken, ohne Druck unlauteren fremden Dazwischentretens Zeit zur Entwicklung geben.

Keine andere Phase unserer chemischen Industrie zeigt so deutlich die Verhältnisse, wie die Farbstoffindustrie, über die im letzten Jahre so viel diskutiert wurde, und über die im kommenden Jahr noch mehr debattiert werden wird. Wenn auch die Klagen über das Aufhören und den Mangel an synthetischen Farbstoffen in der ersten Zeit des Krieges sich durch die Statistik als jeder Grundlage entbehrend erwiesen, so hat doch das jetzige vollständige Aufhören der Zufuhr aus Deutschland und die stetige Abnahme der im Land befindlichen Vorräte zu einem wirklichen ernstlichen Mangel geführt.

Wenn auch der jährliche Gesamtwert unseres Bedarfs von etwa 14 bis 15 Millionen Dollar einschließlich der bezahlten Abgaben nicht groß ist im Vergleich zu dem Umfang vieler anderer Industrien, so ist doch die Verwendung dieser Produkte so sehr mit unserem industriellen Leben verwoben, daß sie fast alle Betriebe umfaßt, und droht, viele Arbeiter zu betreffen, daß die Frage naturgemäß ängstlich erörtert wird: „Was können wir gegen diesen Mangel tun?" Die Frage kann am besten beantwortet werden, wenn wir erörtern, was wir als Volk getan haben und — was ebenso wichtig ist — was wir nicht getan haben.

Die synthetische Farbstoffindustrie stellt heute einen Triumph Deutschlands dar. Sie ist entwickelt worden zum großen Teil durch das innige Zusammenarbeiten von Industrie und Universitäten, das ich schon früher erwähnt habe, zum Teil auch durch die günstige Gesetzgebung. Sie wird ferner in jedem Zweig durch den Geist der Forschung gefördert. Sie wird durch eine vernünftige Zusammenarbeit gestützt und hat schon lange das Versuchsstadium mit den damit verbundenen schweren finanziellen Verlusten überwunden.

Wir hatten einst eine junge Industrie mit insgesamt neun Fabriken. Es ist interessant, daß während des Zeitraumes von 1872—82 bei einem Zoll von 50 Cents pro Pfund und 35 % ad valorem der Preis für Anilinrot, dem damals hauptsächlichst gebrauchten Farbstoff, von 6,5 Dollar auf 2,25 pro Pfund sank. Mit der Erniedrigung des Zolls auf Farbstoffe, die im Jahre 1883 erfolgte, schlossen fünf Fabriken ihren Betrieb. Ich will nicht die Logik einer derartigen Gesetzgebung erörtern, sondern nur Tatsachen anführen. Es ist eine öffentlich bekannte Sache, daß die eifrigsten Fürsprecher einer Zollermäßigung auf Farbstoffe und Gegner der Zollerhöhung diejenigen sind, die jetzt so sehr über den gegenwärtigen Mangel entsetzt sind. Dies soll wieder keine Kritik bedeuten, sondern nur die Anführung von Tatsachen zur Erklärung.

Trotz der Schwierigkeiten hat eine amerikanische Fabrik seinerzeit mit Erfolg eine beträchtliche Erzeugung von Anilinöl und anderen Zwischenprodukten aufgenommen, für die wir bis dahin von fremden Ländern abhängig waren. Was war das Ergebnis? Der Markt wurde überschwemmt mit Produkten, die aus dem Ausland zu weit niedrigeren Preisen kamen, als die amerikanischen Erzeugungskosten betrugen. Weshalb? Mit dem ausgesprochenen Zweck, die Bemühungen Amerikas zu erdrosseln, was ja die Quintessenz des „Dumping" bedeutet.

Was konnte unter solchen Verhältnissen geschehen? Was kann heute unter ähnlichen Verhältnissen geschehen? Es ist dies eine für wirtschaftliche Unternehmungen zu große Aufgabe, die keinen gesetzlichen Rückhalt hat. In den inländischen Geschäftsverbindungen haben wir durch eine wirksame nationale Gesetzgebung dieser Praxis des Unterbietens den Stempel der öffentlichen Verachtung aufgedrückt, und haben darauf bestanden, daß bei Geschäftsverbindungen untereinander der Geist der wahren Demokratie herrscht, der einem jeden die Möglichkeit bietet, sich zu dem Höhepunkt zu entwickeln, zu dem Talent und Energie ihn befähigen und instand setzen. Ich würde das Temperament unseres Volkes und seinen ehrlichen Sinn, der die Quintessenz der Demokratie ist, verkennen, wenn es nicht, sobald es die Lage einsieht, sich beeilen würde, durch seine Vertreter im Kongreß die Verhältnisse zu bessern und den ernstlichen Mangel in der Gesetzgebung gutzumachen durch die Aufnahme einer wirksamen „Antidumping"-Klausel.

Zur Überwindung des gegenwärtigen Mangels an Farbstoffen sind einige Fortschritte gemacht worden. Natürlicherweise hat die Verwendung vegetabilischer Farbstoffe, für die wir nur von uns selbst abhängig sind, stark zugenommen. Eine Farbstoffabrik hat, gestützt auf langfristige Kontrakte, zu dreifachen Preisen die Herstellung solcher Zwischenprodukte aufgenommen, die für den speziellen Betrieb notwendig sind. Die außerordentlich hohen Preise haben die Bildung einiger neuer Betriebe angeregt. Das Handelsministerium sucht in vielfacher Weise Abhilfe zu schaffen. Die Aussichten für die Beschaffung von Rohmaterial wurden gebessert durch die Verwertung der Abfallstoffe in den Bienenkorbkoksöfen, aber der größte Teil der verstärkten Produktion nimmt jetzt den Weg in die Sprengstoffabriken. Trotz alledem besteht der außerordentliche Mangel noch weiter und wird auch bestehen, bis der Friede nahṭ oder schnelle und wirksame Maßnahmen ergriffen werden.

Es mag befremdend erscheinen, daß bei der scharfen Nachfrage nach den Produkten bei der gesicherten Zufuhr an Rohmaterial und einer genügenden Schar von technisch ausgebildeten Chemikern die amerikanische Farbstoffindustrie noch nicht jene Ausdehnung erlangt hat, die sie instand setzt, die gegenwärtige Krisis zu überwinden und in Zukunft dem wachsenden Bedarf zu genügen. Die Erklärung hierfür ist sehr einfach: das Kapital ist nicht überzeugt davon, daß die Investierung in der Industrie unter den gegenwärtigen Verhältnissen gewinnbringend und sicher ist, und auch mit Recht nicht davon überzeugt, da die mit allen Zweigen dieser Industrie in Deutschland und Amerika vertrauten Sachverständigen übereinstimmend der Ansicht sind, daß bei den gegenwärtigen Zollverhältnissen die Industrie nicht gewinnbringend wäre, und weil die in der Vergangenheit gemachten Erfahrungen mit der deutschen Handelspraxis die Furcht vor einem folgenden Preisschleudern gerechtfertigt erscheinen lassen, das in dem unvermeidlichen Kampf zur Wiedergewinnung des Marktes nach Eintritt des Friedens wieder erfolgen wird.

Für die sofortige Entwicklung der Farbstoffindustrie bei uns in Amerika ist daher die erste Forderung ein Erlaß des Kongresses in Form einer wirksamen Antidumping-Klausel, und ferner die Erhöhung des jetzigen Zolls auf Farbstoffe für eine angemessene Zeit. Als Maßstab über diese Erhöhung liegt uns das Urteil des Ausschusses der New Yorker Sektion dieser Gesellschaft vor, ein Ausschuß, in dem alle Interessen vertreten sind durch: B. C. Hesse, chemischer Sachverständiger für Teerfarbstoffe, als Vorsitzender; H. A. Metz als Vertreter der Importeure, J. B. F. Herreshoff als Vertreter der anorganischen Industrie, J. F. Stone als Vertreter der amerikanischen Teerfarbstoffabrikanten, J. Merrit Matthews als Vertreter der Textilindustriellen, David W. Jayne als Vertreter der Fabrikanten von Rohteerprodukten und Allen Rogers als Vorsitzender der New Yorker Sektion. Der einstimmige Beschluß des Ausschusses, der vom New Yorker Bezirksverein einstimmig angenommen wurde, besagt: „Es hat sich in den letzten dreißig Jahren gezeigt, daß der gegenwärtige Zollsatz von 30 % auf Farbstoffe nicht ausreicht, um die heimische Farbstofferzeugung zu einer Ausdehnung anzuregen, die dem Verbrauch an Farbstoffen im Lande entsprechen würde; es sollten deshalb alle aus Steinkohlenteer erzeugten Farbstoffe, seien es Anilinfarbstoffe oder Alizarin, Alizarinfarben, Anthrazenfarben oder Indigo, solange sie ganz oder teilweise aus Steinkohlenteer hergestellt werden, in gleicher Weise besteuert werden, und zwar mit 30 % Wertzoll + 7½ Cent pro Pfund, und alle aus Steinkohlenteer erzeugten oder erhältlichen Produkte, die selbst nicht Farbstoffe, Farben- oder medizinische Präparate sind, sollen besteuert werden mit 15 % Wertzoll und 3¾ Cent pro Pfund spezifischem Zoll."

Ist das amerikanische Volk bereit, mit den Chemikern gemeinsam zu arbeiten und diese zu ermächtigen, rasch eine derartige Gesetzgebung herbeizuführen? Wenn dies der Fall ist, dann brauchen wir nicht mehr zu fürchten, daß Kapital zurückgehalten wird, und dann können wir vertrauensvoll eine synthetische Farbstoffindustrie erwarten, die unserem Bedarf angemessen ist.

Für die Möglichkeit einer derartigen Industrie führe ich die Worte des Schweizer Professors Gnehm an, der im Jahre 1900 nach einer seiner Vorlesungen über Teerfarbstoffe zu mir sagte: „Die natürliche Heimat der Teerfarbstoffindustrie ist Ihr Vaterland, und eines Tages wird sie dort blühen."

Die Schaffung einer derartigen unabhängigen Industrie hat für unseren nationalen Wohlstand noch eine tiefere Bedeutung, als nur die Versorgung mit den notwendigen Farbstoffen, denn derartige Anlagen würden für die Erzeugung von Sprengstoffen aus Steinkohlenteer in Kriegszeiten eine leicht für diese Zwecke umzugestaltende Reserveanlage darstellen.

Durch den anregenden Einfluß auf Wissenschaft, Technik und Materialbeschaffung hat die Farbstoffindustrie die Entwicklung der Sprengstoffindustrie und Arzneimittelindustrie gefördert. Die Befestigung dieser Industrien würde die vollkommene Entwicklung jedes einzelnen Gliedes des großen Dreibundes dieser Industrien bedeuten, der als Ganzes die rationelle und wirtschaftliche Verwertung der großen Steinkohlenteermengen sichert, die jetzt als wertloser Rauch aus den Koksöfen des Landes entschwinden.

Gemeinsame Arbeit — dies ist ein schönes Wort, das die wundervolle Macht und Kraft der Vollendung umschließt.

FSC
www.fsc.org
MIX
Papier | Fördert
gute Waldnutzung
FSC® C083411

Kolibri 360 GmbH
Ferdinand-Jühlke-Straße 7
99095 Erfurt, Deutschland
produktsicherheit@kolibri360.de